WERKSTATTBÜCHER

FÜR BETRIEBSANGESTELLTE, KONSTRUKTEURE UND FACH-ARBEITER. HERAUSGEGEBEN VON DR.-ING. H. HAAKE, HAMBURG

Jedes Heft 50—70 Seiten stark, mit zahlreichen Abbildungen

Die Werkstattbücher behandeln das Gesamtgebiet der Werkstatts-technik in kurzen selbständigen Einzeldarstellungen: anerkannte Fachleute und tüchtige Praktiker bieten hier das Beste aus ihrem Arbeitsfeld, um ihre Fach-genossen schnell und gründlich in die Betriebspraxis einzuführen.

Die Werkstattbücher stehen wissenschaftlich und betriebstechnisch auf der Höhe, sind dabei aber im besten Sinne gemeinverständlich, so daß alle im Betrieb und auch im Büro Tätigen, vom vorwärtsstrebenden Facharbeiter bis zum leitenden Ingenieur, Nutzen aus ihnen ziehen können.

Indem die Sammlung so den Einzelnen zu fördern sucht, wird sie dem Betrieb als Ganzem nutzen und damit auch der deutschen technischen Arbeit im Wett-bewerb der Völker.

Einteilung der bisher erschienenen Hefte nach Fachgebieten

(Fortsetzung 3. Umschlagseite)

WERKSTATTBÜCHER

FÜR BETRIEBSANGESTELLTE, KONSTRUKTEURE UND FACH-
ARBEITER. HERAUSGEBER DR.-ING. H. HAAKE, HAMBURG

HEFT 67

Prüfen und Instandhalten

von Werkzeugen und anderen Betriebshilfsmitteln

Ausgewählte Beispiele

von

Ing. Paul Heinze

Berlin

Dritte verbesserte Auflage
(13.–18. Tausend)

Mit 59 Abbildungen

Springer-Verlag

Berlin / Göttingen / Heidelberg

1953

ISBN 978-3-540-01761-5   ISBN 978-3-642-99844-7 (eBook)
DOI 10.1007/978-3-642-99844-7

Inhaltsverzeichnis.

Einleitung.

Ein Mann, der recht zu wirken denkt,
Muß auf das beste Werkzeug halten.
Goethe, Faust I.

Die Grundlage für die meisten Betriebe der Metallverarbeitung bilden neben den Werkzeugmaschinen die sog. allgemeinen Werkzeuge, wie Schublehren, Gewindelehren, Spiralbohrer, Gewindebohrer, Schneideisen, Wasserwaagen usw. Im Gegensatz zu den für die jeweilige Fertigung besonders hergerichteten Sonderwerkzeugen (Schnitte, Stanzen, Bohrlehren), für deren Herstellung und Instandhaltung oft ein eigener Werkzeugbau vorhanden ist, werden jene meist von auswärts gekauft und ohne weiteres in Gebrauch genommen. Eine Eingangsprüfung, laufende Beaufsichtigung und gegebenenfalls Aufarbeitung während der Gebrauchsdauer findet, abgesehen vom unvermeidlichen Wiederanschärfen, in den seltensten Fällen statt. Erst wenn größere Mengen Ausschuß oder Betriebsstörungen entstanden sind, entschließt man sich, auch die zur Verwendung gekommenen Werkzeuge und Betriebsmittel zu untersuchen. Die hierfür zur Verfügung stehenden Hilfsmittel sind dann meist recht primitiv.

Für eine ordnungsgemäße Fertigung genügt dieses Verfahren nicht. Eine laufende Prüfung und Instandhaltung auch der allgemeinen Werkzeuge und Geräte mit besonders hierfür bereitgestellten Einrichtungen und von geschulten Leuten ist vielmehr unerläßlich. In Anbetracht des erheblichen Wertes, den diese Gegenstände darstellen, machen sich solche Arbeiten immer bezahlt; ganz abgesehen von dem Vorteil, der durch weniger Ärger, weniger Reibungen und erhöhte Leistungsfähigkeit entsteht. Selbstverständlich wird man bei einer Reihe von Werkzeugen auch noch auf eine Erprobung im Betrieb angewiesen sein. Die Eingangsprüfstelle kann aber in solchen Fällen schon den Betrieb entlastende *Vorprüfungen* vornehmen und auch *Untersuchungspläne* aufstellen, nach denen die betriebsmäßige Prüfung zu erfolgen hat. Sie kann weiterhin etwaige widersprechende Beurteilungen der einzelnen Werkstätten nachprüfen und gegebenenfalls richtigstellen.

Im Nachstehenden wird ein Weg gewiesen, wie eine Werkzeugprüfstelle, der auch die Beaufsichtigung bzw. Ausführung der *Aufarbeitungen*[1] obliegt, aufgebaut werden kann. Hauptsächlich wird an den aufgeführten Beispielen gezeigt, wie und was geprüft werden muß und in welcher Weise man abgenutzte Stücke instand setzen kann. Eine vollständige Behandlung des ganzen Gebietes ist im vorliegenden Rahmen natürlich nicht möglich. Bevorzugt sind in den willkürlich gewählten Abschnitten insbesondere solche Werkzeuge, Lehren und Geräte, für die sich noch keine festen, durch Normen oder Gebrauchsanweisungen erhärteten Prüf- und Behandlungsvorschriften herausgebildet haben. Alles Bekannte ist fortgelassen oder nur so weit erwähnt, wie es zum Verständnis des Behandelten notwendig erscheint. Dabei sind an einigen Stellen auch Gegenstände behandelt, die nicht unmittelbar zum Thema gehören, über die aber in Betriebskreisen noch viel Unklarheit herrscht. Solche Unklarheiten sind die Ursache mancher Fehlentschlüsse. Die gemachten Angaben stammen unmittelbar aus der Praxis, und es darf angenommen werden, daß sie für den Betriebsmann manche Anregung enthalten.

Anmerkung: Die erste Auflage dieses Heftes ist 1938, die zweite 1943 erschienen.

[1] Betr. Scharfschleifen der Schneidwerkzeuge und Werkzeugschleiferei-Einrichtung siehe Werkstattbuch Heft 14, ROTTLER: Werkzeugschleifen.

I. Schneidwerkzeuge.

A. Spiralbohrer[1].

1. Kleine und große Bohrer. Obwohl Spiralbohrer mit zu den bekanntesten und am meisten verwendeten Werkzeugen gehören, werden sie doch in vielen Betrieben sehr stiefmütterlich behandelt. Dies mag bei kleinen Bohrern noch angehen, weil sie verhältnismäßig billig sind und auf den heute fast überall vorhandenen schnellaufenden Bohrmaschinen auch nicht allzu stark im Drehmoment beansprucht werden. Die Bruchgefahr ist deshalb — achtsame Behandlung vorausgesetzt — nicht sonderlich groß. Hinzu kommt, daß der für Spiralbohrer verwendete Stahl, abgesehen von der Zeit kurz vor dem Krieg und während des Krieges, immer besser geworden ist. Außerdem werden kleine Bohrer meist in Bohrbuchsen benutzt, die die Gefahr des Verlaufens nicht ganz einwandfrei geschliffener Bohrer herabmindern. Die leider immer noch langen Lieferfristen für Schneidwerkzeuge erfordern aber auch für kleine Bohrer erhöhte Aufmerksamkeit. Große und damit teure Spiralbohrer dagegen werden wesentlich höher beansprucht, und die hiermit gebohrten Werkstücke haben oft erheblichen Einzelwert. Deshalb ist bei diesen eine Prüfung bei der Lieferung und laufende Überwachung im Betrieb (nach jedem Schleifen) notwendig und macht sich auch bezahlt.

2. Fehlergruppen. Grundsätzlich muß bei der Prüfung von Spiralbohrern zwischen zwei verschiedenartigen Fehlergruppen unterschieden werden, und zwar sind dies erstens Fehler, die bei der *Herstellung* des eigentlichen Bohrers selbst entstehen und dann solche, die beim *Anschleifen* der Spitzen (erstmalig oder beim späteren Schärfen) gemacht werden. Auf Herstellungsfehler muß besonders bei der Eingangsprüfung neuer Bohrer geachtet werden, weil sie den Bohrer vollkommen unbrauchbar machen. Mit solchen Fehlern behaftete Bohrer sind zurückzuweisen. Anschleiffehler entstehen, sofern sie nicht eine Folge von Herstellungsfehlern sind, durch unsachgemäße Einstellung und Bedienung der Schleifmaschine; meist können sie durch richtiges Nachschleifen wieder behoben werden.

Die Tabellen 1 und 2 geben einen Überblick über die wichtigsten Herstellungs- und Anschleiffehler.

a) *Spitzenwinkel* ist der Winkel, den die beiden Schneidkanten des Bohrers zueinander bilden (Abb. 1). Er beeinflußt die Späneabfuhr und den Keilwinkel der Schneiden und ist vor allen auch wichtig für dem Durchbruch auf der

Tabelle 1. *Herstellungsfehler von Spiralbohrern.*

Art des Fehlers	Ursache des Fehlers	Folgen des Fehlers für den Anschliff	Folgen des Fehlers für den Bohrvorgang
I. Bohrer ist krumm	Härtefehler	Anschliff sitzt falsch zum Schaft oder zum Spiralteil	
II. Achse des Kegelschaftes fluchtet nicht mit Hauptachse des Bohrers	Dreh- und Rundschleiffehler	Anschliff sitzt falsch zum Schaft	Bohrer verläuft oder bohrt zu groß
III. Spiralnuten sind unsymmetrisch	Fräsfehler	Schneidkanten ungleich lang, Querschneide einseitig	

---

[1] Vgl. auch Werkstattbuch Heft 15 „Bohren“. — Ferner „Prüfplan für Spiralbohrer“. Z. prakt. Metallbearb. 1941 S. 354, 467 (Auszug s. Werkst.-Techn. 1942 S. 336).

Tabelle 2. *Anschleiffehler von Spiralbohrern.*

Art des Fehlers	Häufige Ursache des Fehlers bei maschinellem Anschleifen	Folgen des Fehlers für den Bohrvorgang
1. Ungleiche Länge der Schneidkanten	Ungleiches Ausschleifen (Ausfeuern) beider Schneidkanten	Einseitiges Schneiden, Bohrer verläuft
2. Ungleicher Winkel der Schneidkanten zur Hauptachse	Falsche Einspannung oder Auflage. Ungleiches Ausschleifen	Einseitiges Schneiden, Bohrer verläuft
3. Querschneide einseitig	Anspitzen von Hand, einseitig	Bohrer verläuft
4. Kein oder zu kleiner oder zu großer oder ungleicher } Hinterschliff	Falsche Einstellung der Schleifmaschine, unrichtige Einstellung auf Bohrerdurchmesser, zu lange Einspannung des Bohrers	Bohrer drückt und schneidet nicht oder Schneidkanten brechen aus oder Bohrer drückt und verläuft
5. Symmetrieachse der Schneidkantenkegel fluchtet nicht mit Achse des Kegelschaftes	Unsauberes Einspannen oder Auflegen des Bohrers in die Schleifmaschine	Bohrer verläuft, bohrt zu groß
6. Querschneide zu lang	Ungünstiger Hinterschliffwinkel	Aufzuwendende Vorschubkraft zu groß
7. Querschneide zu kurz	Zu starkes Anspitzen	Bohrerspitze bricht ab

Unterseite des gebohrten Werkstückes. Es ist falsch, für alle Werkstoffe den gleichen Winkel zu benutzen, ebenso wie es falsch ist, für alle Werkstoffe die gleiche Spiralsteigung zu verwenden. Leider geschieht dies noch in vielen Betrieben (vgl. Tabelle 3).

Tabelle 3. *Spiralsteigung und Spitzenwinkel für die Bearbeitung verschiedener Werkstoffe in Grad.*

Werkstoff	Stahl Gußeisen	Aluminium	Elektron	Kupfer	Messing	Hartgummi	Preßzell	Marmor Schiefer
Spiralsteigung	25···35	45	40	etwa 45	20···30	15···25	wie Stahl	15···25
Spitzenwinkel	116···118	140	100	120···130	120···130	50···70	119···124	70···80

b) Der *Hinterschliff* bewirkt das notwendige Zurücktreten der Kegelflächen des Bohrers hinter die Schneidkanten und erzeugt den Freiwinkel α der Schneide (Abb. 1). Die Größe des Freiwinkels ist abhängig vom Vorschub, er wird durch ihn verkleinert. Da ferner der Vorschub je Umdrehung für alle Punkte der Schneide gleich ist, so ergibt sich bei der Abwicklung der einzelnen Punkte der Schneidkanten, daß der Freiwinkel nach der Mitte zu größer wird. Als brauchbarer Durchschnittswert für den Hinterschliff α kann 6⁰ am Rande, 12⁰ in der Mitte der Schneide und 24⁰ an der Querschneide empfohlen werden. Bei sehr großen Vorschüben

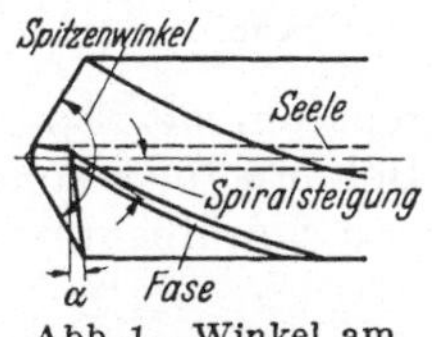

Abb. 1. Winkel am Spiralbohrer.

kann man in der Mitte der Schneide bis etwa 15⁰ gehen, während sehr harte Werkstoffe zugunsten der Standhaltigkeit der Schneide ein Herabgehen bis zu etwa 9⁰ in der Mitte ratsam erscheinen lassen (Winkel an den anderen Schneidkantenpunkten entsprechend).

c) Die *Querschneide* (Abb. 2) muß genau in der Mitte liegen und zur Verbindungslinie der beiden äußeren Ecken der Schneidkanten um etwa 55⁰ geneigt sein. Ihre Länge soll zwischen $1/8$ und $1/9$ des Bohrerdurchmessers betragen. Bei größeren Bohrern ist die Seelenstärke größer als dieses Maß und nimmt nach hinten noch zu, deshalb müssen diese Bohrer angespitzt werden.

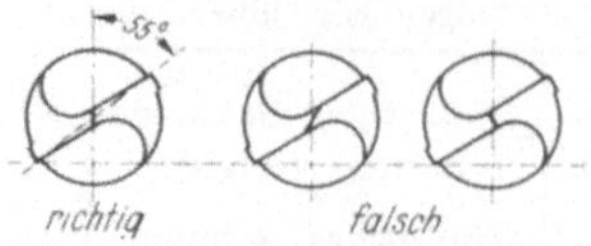

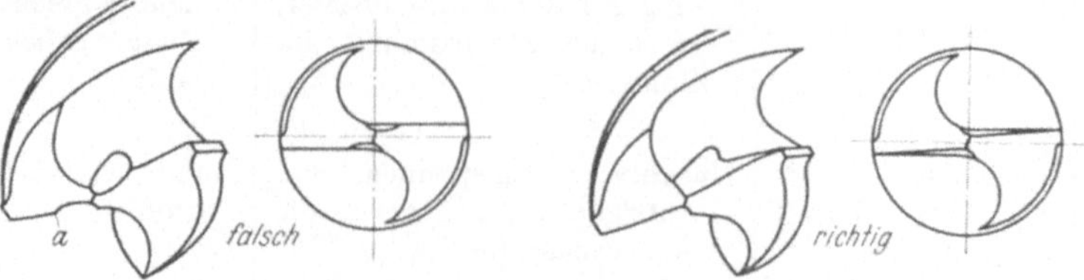

richtig   falsch

Abb. 2. Lage der Querschneide.

d) *Anspitzen.* Die Anspitzung (Abb. 3) soll ohne scharfe Ecken zur Schneidfase hin auslaufen. Durch das oft geübte freihändige Anspitzen kann eine einwandfreie Mittellage der Spitze nur mit großer Geschicklichkeit erreicht werden; deshalb sollte es ebenfalls auf der Maschine vorgenommen werden.

3. Spiralbohrerprüfgeräte. Das einfachste Prüfgerät dieser Art ist die *Spiralbohrerschleiflehre* nach Abb. 4. Es ist eine Flachlehre in Form eines festen

Abb. 3. Falsches und richtiges Anspitzen; falsch: Anspitzschliff bildet scharfe Ecke (*a*) mit der Schneidkante; richtig: Anspitzschliff läuft ohne Ecke zur Fase aus.

Winkels mit Maßeinteilung auf einem Schenkel, der an eine Schneidkante des Bohrers angelegt wird. Gemessen wird durch Vergleich beim Umschlag. Für jeden verschiedenen Spitzenwinkel (Tabelle 3) ist natürlich eine besondere Lehre notwendig.

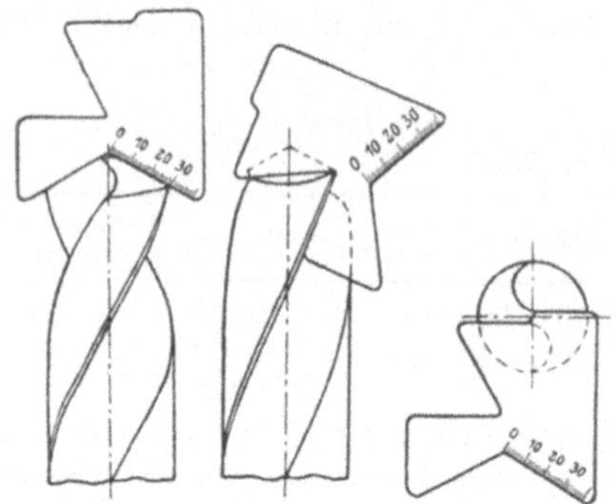

Abb. 4. Spiralbohrerschleiflehre.

Die *Spiralbohrerlupe* (Abb. 5) besteht aus einem Auflegeprisma mit daran angebauter Lupe mit Strichplatte, die eine Betrachtung der Bohrerschneiden zur Feststellung der symmetrischen Lage der Querschneide gestattet. Die Art der Anwendung geht aus Abb. 6 hervor.

Man kann behelfsweise für die Prüfung des Spitzenanschliffes auch die gewöhnlichen *Winkelmesser* oder *Winkelschmiegen* benutzen, die wohl überall vorhanden sind.

Die vorgenannten Geräte reichen alle nur für eine kurze Überprüfung einiger Eigenschaften der Spiralbohrerspitze aus. Für eine Vollprüfung, wie sie bei großen Bohrern (insbesondere bei der Anlieferung) notwendig ist, und für das Einrichten von Spiralbohrerschleifmaschinen sind sie jedoch nicht am Platze. Hierfür sind einstellbare Geräte notwendig, die in der Bedienung allerdings umständlicher sind, dafür aber alle Fehler ihrer Größe nach angeben. Ein sehr brauchbares Gerät dieser Art kann sich jeder Betrieb aus meist vorhandenen Mitteln selbst anfertigen. Es besteht, wie Abb. 7 zeigt, aus einem Drehbankbett mit aufgesetztem Kreuzschlitten, in den eine Meßuhr eingespannt

Abb. 5 Spiralbohrerlupe (Zeiß)

ist. Der zu untersuchende Bohrer wird in einen Spindelstock mit Kegelaufnahme eingespannt, der mittels einer Teilscheibe etwa von 5 zu 5° gedreht werden kann. An Stelle des Spindelstockes kann man natürlich auch einen Teilkopf benutzen. Die einzelnen Werte werden im Umschlagverfahren an der Meßuhr abgelesen. Für einwandfrei genauen Lauf der Spindelbohrung und der für kleinere Bohrer notwendigen Zwischenhülsen muß selbstverständlich gesorgt sein.

Die Tabelle 4 gibt einen Vergleich der beschriebenen Meßvorrichtungen und ihrer Fehlerfeststellmöglichkeiten.

4. Allgemeine Abnahmevorschriften für Spiralbohrer. Im vorangegangenen wurde besonders die Hauptform und der Geradlauf der Spiralbohrer behandelt. Durch diese

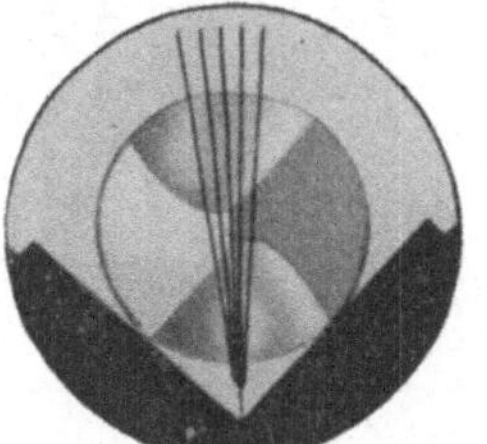

Abb. 6. Anwendung der Spiralbohrerlupe.

Daten allein ist natürlich die Ausführung und Güte noch nicht genügend festgelegt. Dazu sind noch eine Reihe anderer Punkte zu beachten, die hier in Form eines Auszuges aus einer Spiralbohrergütevorschrift angedeutet sein mögen. Die Prüfung der Einhaltung dieser Vorschriften ist verhältnismäßig einfach. Ihre Ausführung bedarf keiner weiteren Erläuterung.

a) *Härte.* Werkzeugstahl- und Schnellstahlbohrer: Rockwell-Härte C 60···62.

Die Bohrer sind bei niedriger Temperatur so lange anzulassen, daß bei bester Schneidfähigkeit hohe Elastizität erzielt wird; die Schneiden dürfen aber nicht ausbröckeln. Bei schwachen Bohrern muß die Festigkeit des Schaftes ausreichen, um ein bleibendes Verdrehen auszuschließen.

b) *Ausführung.* Nach den DIN-Normen, gerade, frei von Dreh-, Fräs- und Schleifriefen und Grat.

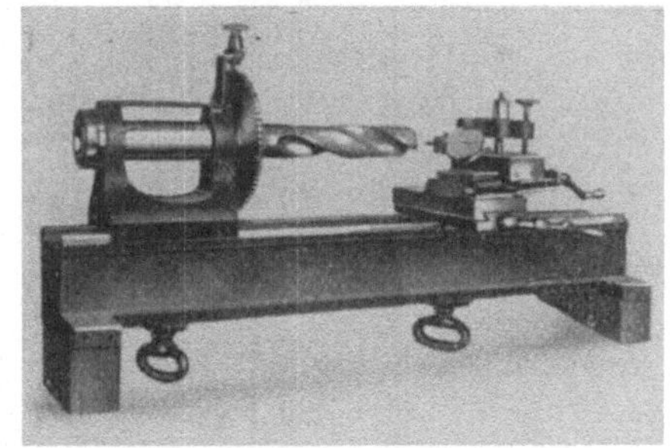

Abb. 7. Spiralbohrermeßvorrichtung.

Spiralnuten: Sauber gefräst, am Schaft allmählich auslaufend, beide Nuten gleich breit.

Seele: Stärke an der Spitze $^1/_5 \cdots ^1/_6$ des Bohrerdurchmessers, nach dem Schaft hin allmählich um etwa $10 \cdots 15\%$ dicker.

Fase: Auf beiden Seiten gleich und so tief hinterfräst, daß nur die Fase führt. Fase sauber und rund geschliffen.

Ganz kleine Bohrer ohne Fase zulässig.

Für Bohrerdurchmesser . mm	5	10	20	30	40	50	60	80
Breite der Fase . . . . mm	0,75	1,3	2,0	2,6	3	3,4	3,6	3,8

Längen (Richtmaße!): Nach den entsprechenden DIN-Normen.

Verjüngung des Durchmessers auf 100 mm Länge von vorn nach hinten:

Bohrerdurchmesser mm	Untermaß mm	
2 bis 10	0,03	
über 10 „ 20	0,04	Zulässige
„ 20 „ 40	0,07	Abweichung
„ 40 „ 60	0,09	± 25%
„ 60 „ 80	0,1	

Tabelle 4. *Vergleich von Spiralbohrermeßgeräten.*

Meßgerät	Messung			Fehler-feststellung[1]	Hand-habung des Gerätes	Ablesung	Fehlerverhütung beim Messen und Ablesen
	Vorgang des Messens	Art des Messens	Einstellung des Gerätes				
1. Spiralbohrer-schleiflehre Abb. 4	Anlegen des Winkels an den Bohrer mit Hand, Anlage mittels Lichtspalt prüfen, Länge der Schneidkanten ablesen	mechanisch unmittelbar	fest	1 absolut 2 relativ	einfach	einfach sicher	Richtiges Anlegen des Winkels an Bohrer! Richtiges Ablesen der Längen
2. Spiralbohrer-lupe Abb. 5 u. 6	Einlegen des Bohrers in Prisma, drehen und durch die Lupe beobachten	optisch unmittelbar	fest	1 relativ 3 relativ	einfach	erfordert Schätzung	Saubere Prismenführung, richtige Drehung um 180°. Günstige Lichtverhältnisse notwendig. (Leichte Beschädigungsmöglichkeit des Glases!)
3. Winkelmesser und Winkel-schmiege	Anlegen des Winkels mit Hand, einstellen und ablesen	mechanisch mittelbar	einstellbar	2 absolut	erfordert Geschick	einfach	Richtiges Anlegen des Winkels an Bohrer, richtiger Vergleich der Messungen
4. Meßgerät nach Abb. 7	Einstecken des Bohrers in Aufnahmekegel, Drehen mittels Teilrades, Zustellen der Meßuhr mittels Kreuzschlittens, jedesmaliges Umschlagen des Bohrers um 180°	mechanisch mit Meßuhrablesung mittelbar	einstellbar	1 6 2 7 3 I 4 II 5 III } absolut	erfordert Geschick	einfach sicher Umrechnung erforderlich	Saubere Aufnahme im Kegel, vollkommen spielfreier Lauf der Aufnahme im Lager, richtiger Ablesungsvergleich

[1] Bedeutung der Nummern siehe Tabelle 1 und 2.

Stärkere Bohrer ohne Verjüngung nach hinten und Bohrer jeden Durchmessers mit Verjüngung nach vorn werden zurückgewiesen!

Kegel und Mitnehmerlappen: Nach DIN 231. Der Kegel muß in der Lehrhülse DIN 230 auf der ganzen Länge tragen.

Der Mitnehmerlappen ist bis zum Rundungsansatz abzusetzen.

Abblasen der Schnellstahlbohrer im Sandstrahl nicht erforderlich.

c) *Genauigkeit:* Zulässige Maßabweichungen der Gesamtlänge:

für Bohrerdm. mm bis	2	2,1 ⋯ 10	10,1 ⋯ 15	15,1 ⋯ 25	25,1 ⋯ 40	über 40
Toleranz „	—1	—2	—3	—5	—7,5	—10

Abweichung der Schnittlänge: $\pm\,2$ mm bei 3 mm Durchmesser; steigend bis $\pm\,7$ mm bei 80 mm Durchmesser.

Abweichungen des Durchmessers, vorn gemessen: Siehe DIN 365.

Schlag des Bohrers bei Aufnahme im Kegelschaft, vorn an der Fase gemessen: für Bohrer bis 20 mm Dm. 0,10 mm, über 20 mm Dm. 0,005 mal Dm.,

an der Querschneide gemessen: für alle Bohrerdurchmesser 0,1 mm,

an der Seele gemessen: für Bohrer bis 5 mm Dm. 0,1 mm, über 5 bis 12 0,3 mm über 12 0,5 mm.

d) *Stempelung:* In der Eindrehung (falls bei zylindrischen Bohrern nicht vorhanden, kurz hinter der Spirale).

Aufnahmeschäfte sollen möglichst nicht gestempelt sein. Gegebenenfalls sind sie nach dem Stempeln gratfrei zu schleifen.

Schnellstahlbohrer sind mit „S" oder „SS" zu stempeln.

5. Behandlung der Bohrer auf der Maschine. Auf guten Lauf der Bohrmaschine, richtigen Sitz des Bohrfutters oder der Zwischenhülsen und spielfreien Gang der Spindel ist zu achten. Zu leicht gebaute Bohrmaschinen biegen sich bei starkem Vorschub wegen des großen Bohrdruckes auf und federn beim Durchtritt des Bohrers aus dem Werkstück zurück, wobei meist ein Abbrechen oder Aufreißen des Bohrers in der Längsrichtung eintritt. Außerdem werden die Löcher ungenau. Bei vertikalem Spiel der Bohrspindel, einem Fehler, der sehr oft zu beobachten ist, fällt die Spindel beim Durchtritt um das Maß des Spieles nach unten, der Bohrer hakt ein und bricht ebenfalls meist ab. Einsatzhülsen (vgl. Abschn. 66) müssen gut ineinander sitzen und dürfen keinesfalls verschmutzt oder beschädigt sein, da sonst die Mitnehmerlappen das ganze Drehmoment aufzunehmen haben und dabei häufig abbrechen. Für sehr tiefe Löcher sind besondere Tieflochbohrer zu benutzen. Fehlen diese, so daß mit gewöhnlichen Bohrern über die Spiralnutlänge hinaus gebohrt werden muß, ist auf häufige Entfernung der Späne zu achten. Gute Kühlung (Seifenwasser, Bohröl usw.) erhöht die Schneidhaltigkeit der Bohrer und ergibt glatte, saubere Bohrungen.

B. Fräser und Messerköpfe[1].

6. Vorbedingungen für das Anschleifen. Über die günstigsten Schleifarten für diese Werkzeuge sind die Meinungen noch vielfach geteilt. Dies ist einerseits auf Gewohnheit und Überlieferung zurückzuführen, andererseits aber auch eine Folge der nicht ganz einfachen schneidtechnischen Zusammenhänge, über die noch viel Unklarheit herrscht. Oft sind die vorhandenen Schleifmaschinen auch veraltet und lassen ein einwandfreies Schleifen, das für ein wirtschaftliches Arbeiten unerläßlich ist, gar nicht zu. Es empfiehlt sich deshalb für jeden Betrieb, die vorhandenen Schleifmöglichkeiten und die bisherige Arbeitsweise einmal genauest

---

[1] Arten und Formen der Fräser und Messerköpfe s. Werkstattbuch 22.

zu untersuchen und hierbei an die erheblichen Werte zu denken, die in dem Fräserbestand festgelegt sind. Auch kleine Verbesserungen bringen in Anbetracht dieses
Umstandes meist nennenswerte Ersparnisse. Als Richtlinie für solche Untersuchungen seien nachstehend einige Regeln gegeben. Die dabei angewandten
Bezeichnungen sind in Abb. 8 und 9 angegeben.

7. Forderungen an den fertigen Fräser. **a)** Sämtliche Schneidkanten müssen
auf einem *Kreisumfang* liegen; nur dann ist die Gewähr für gleichmäßigen

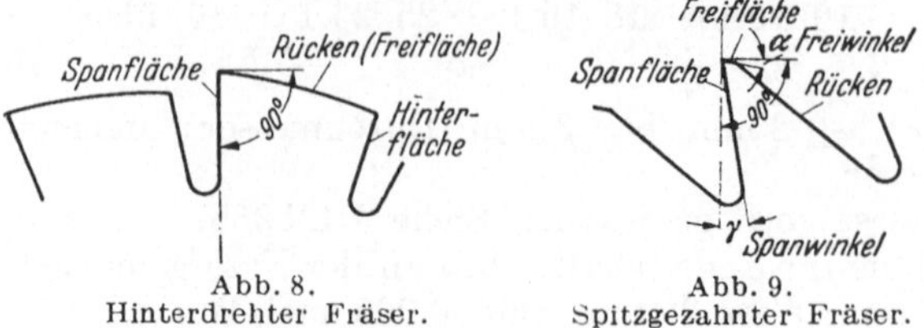

Abb. 8.
Hinterdrehter Fräser.

Abb. 9.
Spitzgezahnter Fräser.

Schnitt aller Zähne gegeben.
Vorstehende Zähne nutzen
sich vorzeitig ab, zurückstehende schneiden nicht.

b) Die Spanfläche (Schneidbrust) muß bei hinterdrehten
Formfräsern (Abb. 8) radial
sein. Bei spitzgezahnten Fräsern (Abb. 9) ist positiver Winkel γ schneidtechnisch günstiger.

c) Bei hinterdrehten Fräsern müssen die Spanflächen genau gleiche Abstände
voneinander haben, was bei spitzgezahnten Fräsern nicht unbedingt nötig ist.

8. Schleifvorgang. **a)** *Hinterdrehte Fräser.* Nach dem Härten neuer Fräser
stets Spanfläche und möglichst auch Zahnflanken (Zahnprofil) nachschleifen;
hierzu ist genaue Teilvorrichtung erforderlich.

Beim Scharfschleifen stumpfer Fräser wird nur Spanfläche nachgeschliffen.

Für späteres Nachschleifen von Hand (Abschn. 10) muß an allen neuen Fräsern
die radiale Hinterfläche des Zahnes für die Anlage in genauen Abständen zur
Spanfläche (= Teilung!) geschliffen sein.

Einzelne, besonders stark abgestumpfte Zähne dürfen *nicht* für sich nachgeschliffen werden, weil ihre Schneiden sonst nicht mehr am Kreisumfang, sondern
innerhalb desselben liegen und demnach nicht schneiden würden.

b) *Spitzgezahnte Fräser.* 1. Fräser zunächst rundschleifen, so daß alle
Zähne auf ganzer Länge bis zur Schneidkante von der Schleifscheibe eben noch
berührt werden (Spantiefe etwa 0,02 bis 0,05 mm).

2. An Zahnrücken mit Topfscheibe Freifläche mit $\alpha = 3$ bis 5^0 scharfschleifen
evtl. ganz schmale, kaum sichtbare Rundschliff-Fase stehen lassen (auch gültig
für neue Fräser nach dem Härten).

3. Bei Ausbruch oder sonstiger Beschädigung auch die Spanfläche einzelner
Zähne nachschleifen.

4. Bei Bedarf, gleichzeitig mit 3: Zahnlücken (mit großer Scheibe) tiefer ausschleifen, entsprechend dem äußeren Abschliff.

(Die Reihenfolge kann auch geändert werden: Zuerst Spanflächen schleifen,
dann rundschleifen.)

c) *Messerköpfe.* Hierfür gilt das gleiche wie unter b. Bei ihnen ist die Behandlung einzelner Zähne mitunter nötig. Wichtig ist, daß die Messerecken gut
abgerundet oder zweifach gefast werden. (Anschleifen einer einzelnen schrägen
Fläche ist nicht so vorteilhaft.)

9. Selbsttätiges Schleifen ist geeignet für lange, spitzgezahnte Fräser — um so
mehr, je breiter bzw. länger der Fräser ist —; ferner für hinterdrehte Fräser
größerer Abmessungen mit geraden oder Spiralzähnen und für alle Messerköpfe.
Voraussetzung für selbsttätiges Schleifen:

a) Genaue Zahnteilung des Fräsers, soweit nicht Zungenanlage an der Spanfläche des zu schleifenden Zahnes vorgesehen ist.

b) Größere Anzahl gleicher Fräser, da nur dann der Schleifer mehrere selbsttätige Schleifmaschinen gleichzeitig bzw. eine oder zwei neben einer Handschleifmaschine bedienen kann. Bei Zungenanlage gilt diese Voraussetzung nicht, da hier das Auswechseln sehr rasch erfolgt.

c) Gute Maschine mit genauer, gut geschützter Teilvorrichtung. Einrichtung zur Aufhebung des toten Ganges der Tischspindel beim Wechsel der Tischbewegungsrichtung. Gute Staubabsaugung bei Trockenschliff, starker Wasserstrahl und sichere Wasserabführung bei Naßschliff.

10. Handschleifen ist geeignet für schmale und einzelne spitzgezahnte und hinterdrehte Fräser, weil hierfür das langsame Schalten und Vorschieben und die lange Einrichtezeit des selbsttätigen Schleifens unwirtschaftlich sind; ferner für Satzfräser und für Einzelbehandlung der Zähne spitzgezahnter Fräser bei Härteverzug, bei Ausbruch von Schneidkanten oder anderen Beschädigungen einzelner Zähne. Diese Behandlung ist besonders wichtig, weil man damit unnötig großen Abschliff der weniger abgestumpften Zähne vermeidet. Grundsätzlich ist Handschleifen an spitzgezahnten Fräsern nur mit *Zungenanlage* an der Spanfläche des zu schleifenden Zahnes und bei hinterdrehten Fräsern nur mit Zungenanlage an der genau auf Teilung bearbeiteten radialen Hinterfläche des zu schleifenden Zahnes auszuführen (Abschn. 8).

11. Naß- oder Trockenschliff. *Trockenschliff* ist besser als Naßschliff mit *dünnem* Wasserstrahl, der die Arbeitsstelle nicht voll überflutet. Trockenschliff erfordert aber vorsichtige Spanabnahme, damit die Schneiden nicht ausglühen („vorsichtig" bedeutet nicht nur allgemeine Sorgfalt des Schleifers, sondern auch besondere Rücksichtnahme auf empfindliche Form und geringe Größe des Fräsers) Bei Schnellstahl braucht diese Sorgfalt nicht so weit zu gehen wie bei Werkzeugstahl. Trockenschliff ist durchaus zulässig für das *selbsttätige* Schleifen, da dieses gleichmäßiger vor sich geht als Handschleifen und fast nur für Schnellstahlwerkzeuge angewendet wird. Trockenschleifen geht im übrigen nicht schneller als Naßschliff; die Scheibe greift dabei nicht besser.

Am besten für die Schonung der zu schleifenden Werkzeuge und unerläßlich bei stärkerem Angriff durch die Schleifscheibe ist in jedem Fall *Naßschleifen* mit *starkem* Wasserstrahl. Beim *Naßschleifen* muß jedoch die Maschine gegen Verschmutzung noch besser geschützt sein als beim Trockenschleifen.

C. Reibahlen.

Am Beispiel der Reibahlen sei besonders an das Zusammenarbeiten mit dem Lieferwerk gedacht. Die Grundlage für jede Prüfung müssen eingehende Gütevorschriften sein, die genau umrissen alle an den Gegenstand zu stellenden Anforderungen enthalten und dem Lieferanten bei der Bestellung übermittelt werden, damit er weiß, was von dem Werkzeug erwartet wird. Soweit bereits Normen vorliegen, müssen sie in den Vorschriften enthalten sein. Für Reibahlen gelten vorwiegend folgende Anforderungen.

12. Allgemeine Gütevorschriften. a) *Werkstoff* Werkzeugstahl: Zähharter Sonderstahl mit etwas (etwa 1%) W oder Cr. Schnellstahl: Klasse B, oder sparstoffarme Stähle von gleichwertiger Zusammensetzung. Körper bzw. Schaft: Flußstahl.

b) *Härte.* Rockwellhärte C 62 bis 64. Härteprüffeile muß, normale Feile darf nicht angreifen. Dünne Reibahlen können zugunsten der Zähigkeit etwas weicher sein. Schaft bzw. Kegel bei massiven Reibahlen gut federhart. Bei Reibahlen mit eingesetzten Messern müssen die Druckstücke, Schrauben und Muttern sowie die Mitnehmerlappen der Kegel bzw. die Vierkante gut gehärtet sein.

c) *Ausführung.* Nach den DIN-Normen bzw. nach den in der Bestellung aufgeführten Maßen, gerade und schlagfrei, frei von Dreh-, Fräs- und Schleifriefen und Grat.

Nuten: Sauber gefräst und so tief ausgeführt, daß sich die Späne nicht festsetzen können.

Schneiden: Sauber und scharf geschliffen und so ausgeführt, daß sie alle gleichmäßig zum Schnitt kommen.

Fase: Sauber und rund geschliffen und auf allen Seiten gleich und so tief hinterfräst, daß nur die Fase führt.

Längen (Richtmaße): Nach den DIN-Normen oder nach Bestellung.

Zähnezahl gerade; Teilung ungleich. Je 2 Zähne müssen sich radial gegenüberliegen, damit der Durchmesser ohne Schwierigkeiten gemessen werden kann.

Drall bei Reibahlen mit Spiralzähnen muß entgegen der Drehrichtung liegen. Steigung des Dralls ist so zu wählen, daß die Vorschubkraft nicht zu groß wird.

Messer bei Reibahlen mit *eingesetzten* Messern müssen in den Nuten überall gut tragen und so fest sitzen, daß sie nur mit leichten Holzhammerschlägen versetzt werden können. Die Druckstücke müssen voll an den Messern anliegen. Bei Reibahlen mit *aufgesetzten* Messern ist, um Axialverschiebung zu vermeiden, Abrundung der Messer am hinteren Ende mit entsprechend ausgeführten Nuten im Körper erwünscht. Fehlt diese hintere Anlage, so sind im Durchmesser möglichst große, gut tragende Paßschrauben vorzusehen, und zwar bis 42 mm Reibahlendurchmesser 3, darüber 4 Stück für jedes Messer. Die Aussenkung der Schraubenlöcher darf die Schneidenfase nicht berühren. Paßstifte neben den Befestigungsschrauben sind ebenfalls zulässig. Die Messer dürfen zur Aufnahme des Mitnehmers nicht geschlitzt werden. Um dies zu vermeiden, ist Mitnehmerbund erwünscht.

Anschnitt: Kegeliger Anschnitt etwa $^1/_3$ der Gesamtlänge der Schneide lang und 0,04 bis 0,05 mm kleiner im Durchmesser. Runder Anschnitt genügend groß und überall gleich angreifend. Der Übergang vom Anschnitt zum zylindrischen Teil muß sauber gebrochen sein.

Gewinde: Alle Gewinde müssen voll ausgeschnitten sein und gut passen.

13. Genauigkeit. Reibahlen ohne Passungsangabe sind mit einem Übermaß von 0,1 bis 0,035 mm zu liefern.

Reibahlen mit Passungsangabe: Größtmaß der Reibahle = Maß des Einstellringes nach DIN 2250. Kleinstmaß der Reibahle = Kleinstmaß der entsprechenden Bohrung + Differenz zwischen Maß des Einstellringes nach DIN 2250 und Größtmaß der entsprechenden Bohrung.

Beispiele: Reibahle 10 mm F 8
          Größtmaß = 10,028
          Kleinstmaß = 10,013 + 0,007 = 10,020.

Im Interesse einer langen Lebensdauer ist Lage an der oberen Grenze anzustreben.

Alle verstellbaren Reibahlen müssen, um genügend Nachstellmöglichkeit zu erreichen, bei der kleinsten Einstellung das bestellte Maß ergeben.

Stiftloch- und Kegel-Reibahlen müssen Bohrungen ergeben, in denen ein Lehrdorn auf der ganzen Länge einwandfrei trägt. Kegel-Reibahlen für *Morsekegel* dürfen mit der Stirnfläche nicht weiter aus der Lehre herausragen als:

       1   mm bei Morsekegel 1 und 2
       1,5 ,,   ,,   ,,   3 ,, 4
       2   ,,   ,,   ,,   5 ,, 6

Der Aufnahmekegel muß in der Lehrhülse auf der ganzen Länge tragen. (Toleranzen für den Kegel und den Mitnehmerlappen s. Abschn. 65).

Der Innenkegel der Aufsteck-Reibahlen muß auf dem Lehrdorn auf der ganzen Länge anliegen. Die Mitnehmernuten müssen auf Umschlag passen.

14. Stempelung. Verpackung. Schnellstahl-Reibahlen sind mit S oder SS zu stempeln. Reibahlen für eine bestimmte Passung müssen die Passungsbezeichnung nach ISA tragen.

Aufnahmeschäfte sollen möglichst nicht gestempelt sein. Gegebenenfalls sind nach dem Stempeln die Wülste wegzuschleifen.

Alle Reibahlen müssen mit dauerhafter Papphülse, die Beschädigungen mit Sicherheit vermeidet, geliefert werden.

D. Schleifscheiben [1].

15. Allgemeines. Selbst mit den besten Einrichtungen ist es einer Werkzeug-Prüfstelle nicht möglich, Schleifscheiben so zu untersuchen, daß mit Sicherheit ein Urteil über die Brauchbarkeit für einen vorliegenden Verwendungszweck abgegeben werden kann. Es muß hierbei berücksichtigt werden, daß eine Schleifscheibe durch Festlegung von Schleifstoff, Härte und Körnung allein durchaus noch nicht genügend einwandfrei bestimmt ist. Als sehr wichtig sind neben diesen Daten noch die Art der Bindung, Porosität, die Brenntemperatur und Brenndauer, die Form der Körner, ihr Reinheitsgrad u. a. zu nennen. Einwandfreie Prüfmethoden, die die Bestimmung des ganzen Umfanges dieser Einzeleigenschaften gestatten, gibt es aber noch nicht. Deshalb kann das letzte Wort über die Brauchbarkeit von Schleifscheiben erst nach Erprobung auf der Schleifmaschine gesprochen werden. Die Prüfstelle kann aber schon grob vorprüfen, wobei insbesondere auf Schleifstoff, Bindungsart, Körnung, Härte und fehlerfreie Ausführung zu achten ist.

Selbstverständlich wird auch die Maßhaltigkeit der Scheiben untersucht, auf die aber ihrer Einfachheit wegen nicht näher eingegangen zu werden braucht.

16. Aufbau und Formen der Schleifscheiben. Zum besseren Verständnis sei zunächst ein ganz kurzer Überblick über den technischen Aufbau der gebräuchlichsten Schleifscheiben gegeben. Eine Schleifscheibe besteht aus dem eigentlichen Schleifstoff (dem Korn) und der Bindung (Ton oder tonähnliche Stoffe, Schellack, Bakelit usw.). Die hauptsächlichsten Schleifstoffe sind Siliziumkarbid (SiC) und Aluminiumoxyd (Al_2O_3). Sie werden in verschiedenen Korngrößen verwendet. Häufig werden auch Körnungen verschiedener Größe gemischt. Die Bezeichnung der Korngröße richtet sich dann nach der am häufigsten vorkommenden Körnung. Die heute fast ausschließlich gebrauchte Körnungstafel ist die der Firma NORTON, und zwar bedeutet die Nummer hierbei die Anzahl der Siebmaschen auf 1" Sieblänge, durch die das betreffende Korn gerade noch hindurchfällt. Die Drahtstärke der Siebe beträgt hierbei ungefähr ein Drittel des Lochmaßes (DIN 69100). Einen Überblick über die Körnungsbezeichnungen gibt Tabelle 5.

Tabelle 5. *Körnungsbezeichnungen von Schleifscheiben.*

Körnung sehr grob .	8	10	12		
grob . . .	14	16	20	24	
mittel . . .	30	36	46	50	60
fein	70	80	90	100	120
sehr fein. .	150	180	200	220	240
staubfein .	280	320	400	500	600

---

[1] Vgl. AWF-Betriebsblatt 76: Schleifen.

Die *Arbeitshärte* einer Schleifscheibe hängt nicht von der Härte des eigentlichen Schleifkornes, sondern im wesentlichen von der Bindung ab. Bei den sehr viel verwendeten keramisch
(porzellanartig) gebundenen Schleifscheiben z. B. wird die Härte in hohem Maße durch die
Menge und Art des zugesetzten Bindungsmittels beeinflußt. Je weniger Bindemittel vorhanden ist, desto weicher ist die Scheibe. Der Gehalt an Bindung bei diesen Scheiben schwankt
zwischen etwa 8% bei den weichsten und 25% bei den härtesten Scheiben. Näher verständlich wird dieses, wenn man berücksichtigt, daß Härte der Scheibe der Widerstand ist, den
das Korn dem Ausbrechen aus seinem Verband entgegensetzt. Das einzelne Korn soll so
lange im Gesamtverband bleiben, wie es noch scharfkantig ist. Sind die scharfen Kanten
durch die Schleifarbeit abgenutzt, dann wird die Kornbeanspruchung infolge des wachsenden
Schneiddruckes zu groß und das Korn bricht aus, um einem neuen, noch scharfen, Platz zu
machen. Bei weichen Scheiben bricht das Korn schneller aus als bei harten, weil dort weniger
festhaltende Bindung zwischen den einzelnen Körnern vorhanden ist.

Die Härte der Schleifscheiben wird mit Buchstaben bezeichnet. In Tabelle 6 sind die
Härtebezeichnungen nach DIN 69100 zusammengestellt.

Tabelle 6. *Härtebezeichnungen von Schleifscheiben.*

Härtegrad sehr weich	E F G	hart	P Q R S
weich . . .	H I Jot K	sehr hart . .	T U V W
mittel . . .	L M N O	äußerst hart .	X Y Z

Die am meisten verwendeten Bindungsarten sind:

Keramische Bindung (Kurzzeichen Ke)   unempfindlich gegen Wasser und Öl
Mineralische Bindung . . . . Magnesitbindung u. ä. früher häufiger, heute
                                      seltener und nur für Sonderzwecke benutzt.
Elastische Bindungen

a) kunstharzhaltige (Kurzzeichen Ba) Bakelitbindung
b) naturharzhaltige (Kurzzeichen Nh) Schellackbindung   } empfindlich gegen Wasser
                                     Gummibindung (Gu)   } und Öl.

Unter Gefüge oder Struktur versteht man die Verteilung des Schleifkornes im Bindemittel unter Berücksichtigung der Porenräume. Offenes Gefüge wird für zähe Werkstoffe, die lange, lockige Späne ergeben, verwendet, während spröde Werkstoffe, die kurze, bröckelnde Späne ergeben, ein dichteres Gefüge verlangen. Für besonders wärmeempfindliche Werkstoffe (z. B. gehärtete Sonderstähle) ist ein möglichst offenes

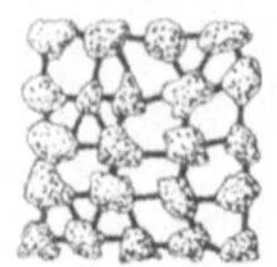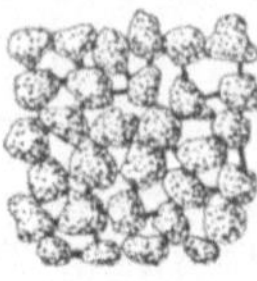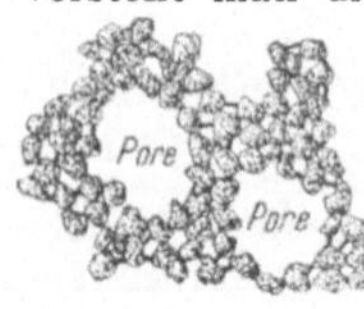

Abb. 10. Schleifscheibengefüge, schematisch. *a* = offenes Gefüge, *b* = dichtes Gefüge, *c* = hochporöses Gefüge.

Gefüge empfehlenswert; insbesondere wenn höchste Schliffgüte unter Verwendung sehr feinkörniger Scheiben erzielt werden soll.

Tabelle 7. *Gefüge von Schleifscheiben.*

Nach DIN 69100 wird unterschieden:

Gefüge sehr dicht	0	und	1
dicht	2	,,	3
mittel	4	,,	5
offen	6	,,	7
sehr offen	8	,,	9

Formen und Abmessungen der wichtigsten Schleifkörper sind in nachstehend aufgeführten
DIN-Blättern festgelegt:

Gerade Schleifkörper . . . . DIN 69120[1]	Gerade ausgesparte Schleifkörper (Innenschleifen) . . DIN 69125
Schleifkörper für Außenschleifen mit Elektro- und Druckluftwerkzeugen . . . . . . ,, 69123	Schleifzylinder mit Bodenflansch für Flachschleifen . .. 69138

[1] Ersatz für DIN 2214.

Gerade Topfschleifscheiben für Flachschleifen .... DIN 69139		Schleifkörper für Fräser u. Schnecken .... DIN 69151	
Hochleistungsschleifblätter für Flachschleifen ...... „ 69141		Trennschleifscheiben..... „ 69159	
		Gewindeschleifscheiben ... „ 69160	
Werkzeugschleifscheiben ... „ 69149[1]		Schleifkörper für Zahnflanken-Schleifmaschine ..... „ 69162	
Sägenschleifscheiben..... „ 69150		Ziehschleifsteine ...... „ 69186	

Beispiel für die Bezeichnung einer geraden Schleifscheibe mit Außendurchmesser $D = 250$ mm, Breite $B = 25$ mm, Bohrung $d = 76$ mm, Schleifmittel Normalkorund, Körnung 46, Härte M, Gefüge mittel, Bindung keramisch:

$$\text{Schleifkörper } 250 \times 25 \times 76 \text{ DIN } 69120 \text{ NK } 46 \text{ M } 4 \text{ Ke.}$$

Leider haben noch nicht alle Schleifscheibenhersteller die genormten Bezeichnungen eingeführt.

17. Prüfung des Schleifstoffes. Man erkennt Siliziumkarbid an seiner dunklen Farbe (schwarz oder blauschwarz bis dunkelgrün) und seinen diamantartig glitzernden Einschlüssen. Elektrokorund ist zwar oft auch sehr dunkel, es fehlen dann aber diese diamantartigen Einschlüsse. Der einzelne Siliziumkarbidkristall ist härter und spitzer und hat mehr Kanten als ein Elektrokorundkristall und zersplittert beim Drücken auch leichter. Letzteres gilt besonders gegenüber dem weniger reinen Elektrokorund (s. unten). Manche Hersteller behaupten, daß das aus dem Innern des Schmelzblockes gewonnene Korn (von meist hellerer grünlicher Farbe) besonders hart und splittrig sei und empfehlen es deshalb vor allem für das Schleifen sehr harter Werkstoffe (Hartmetall-Werkzeuge).

Elektrokorund wird in zwei bis drei verschiedenen Reinheitsgraden geliefert. Der am meisten gebrauchte Normalkorund (NK) enthält etwa 96% Al_2O_3 (Rest hauptsächlich Eisenoxyd Fe_2O_3). Er wird vor allem zum Schleifen von gewöhnlichen ungehärteten Stählen verwendet. Für gehärtete Sonderstähle (auch für hochwertige Werkzeuge) werden Schleifscheiben mit besonders reinem Korn (bis etwa 99,5 % Al_2O_3) gebraucht (Edelkorund EK). Beim ungebundenen Korn kann man den Reinheitsgrad verhältnismäßig leicht erkennen: Normalkorund ist grau bis dunkelgrau, Edelkorund rötlich bis hellrosa, teilweise auch hellgelb bis weiß. An der fertigen Scheibe ist dieser Unterschied aber sehr verwischt und rein äußerlich nur schwer festzustellen. Die Farbe der fertigen Scheibe im gewöhnlichen Licht ist nämlich bei Elektrokorundscheiben in hohem Maße von der Farbe des verwendeten Bindemittels abhängig. Es gibt z. B. rote Schleifscheiben aus Normalkorund, die durchaus den Edelkorundschleifscheiben gleichen, die meist rot oder grauweiß aussehen. Ebenso gibt es aus Normalkorund bestehende Schleifscheiben von grauweißer Farbe.

Zur leichteren Unterscheidung der Schleifkörper erhalten diese verschiedenfarbige Aufklebe-Etiketten. Folgende Farben werden verwendet.:

Normalkorund NK braun	Edelkorund Ek rot
Halbedelkorund HK gelb	Siliciumkarbid SC grün
(Mischkorund)	

Ein sehr einfaches und brauchbares Mittel zum Feststellen der verwendeten Korundart ist die Untersuchung im ultravioletten Licht (Analysen-Quarzlampe). Edelkorundschleifscheiben zeigen hierbei eine ausgesprochen rote bis gelbliche Fluoreszenz. Normalkorund fluoresziert dagegen fast gar nicht. Mischkorunde (aus Normal- und Edelkorund) sind an den verschiedenen Fluoreszenzen ebenfalls

---

[1] Ersatz für DIN 181/185.

erkennbar. Da zwischen Normal- und Edelkorundscheiben nicht unerhebliche Preisunterschiede bestehen, und außerdem die Schleifeigenschaften dieser Scheiben auch ganz verschieden sind, erscheint eine Prüfung, zumal sie mit der Analysen-Quarzlampe sehr leicht und einfach ist, durchaus angebracht (vgl. Abschn. 72).

18. Bindungsart. Man unterscheidet: a) keramische Bindung, b) mineralische Bindung (Silikat, Magnesit), c) elastische Bindung (Gummi, Schellack), d) Bakelit- und Kunstharzbindung. — a und b sind anorganische, c und d organische Bindungen.

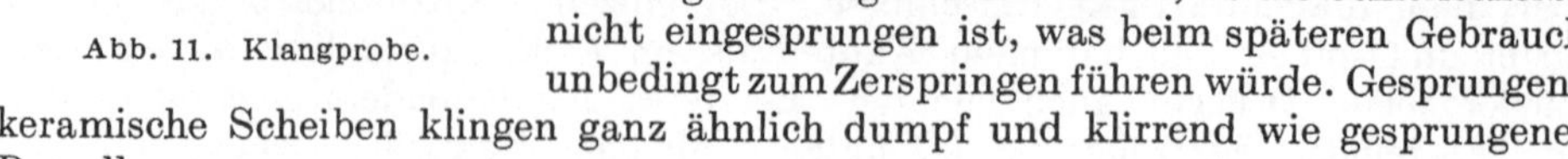

Die meisten Scheiben sind *keramisch* gebunden. Man erkennt diese Bindungsart beim Anschlagen der frei aufgehängten Scheiben mit einem leichten Hammer, Schraubenziehergriff o. ä. (Abb. 11) (Vorsicht!). Hierbei entsteht ein glockenartiger Ton, ähnlich wie beim Anschlagen von Porzellan, dem ja keramisch gebundene Scheiben bezüglich ihrer Herstellungsart durchaus verwandt sind. Man kann bei dieser Untersuchung auch zugleich feststellen, ob die Schleifscheibe nicht eingesprungen ist, was beim späteren Gebrauch unbedingt zum Zerspringen führen würde. Gesprungene keramische Scheiben klingen ganz ähnlich dumpf und klirrend wie gesprungenes Porzellan.

Abb. 11. Klangprobe.

Die nicht keramisch gebundenen Scheiben tönen beim Anschlagen wie Holz, d. h. dumpf ohne nachhallenden Ton. Elastisch gebundene und Bakelitscheiben sind an ihrer allerdings sehr geringen Elastizität erkennbar.

19. Die Körnung kann man am besten mit Vergleichsscheiben feststellen, die dann auch gleichzeitig zur Härteprüfung dienen können. Solche Vergleichsscheiben werden als Normalscheiben (Urscheiben) geliefert. Es sollte in der Werkzeug-Prüfstelle je eine Scheibe für jede im Werk vorkommende Härte und Körnung vorhanden sein, also z. B. 46 L, 46 M, 60 K, 60 L, 60 M usw. Als Abmessung dieser Normalscheiben sei 150 mm Durchmesser und 20 mm Stärke empfohlen. Zur besseren Übersicht sollten diese Scheiben auf einer Tafel abnehmbar angeordnet sein. Zum Körnungsvergleich benutzt man am besten eine binokulare Prismenlupe (Abb. 12, Vergrößerung bis 40fach) oder eine Lupe mit etwa 10facher Vergrößerung. Letztere ist allerdings nicht ganz so brauchbar, weil sie kein so körperliches Bild ergibt wie ein binokulares Gerät. Ohne

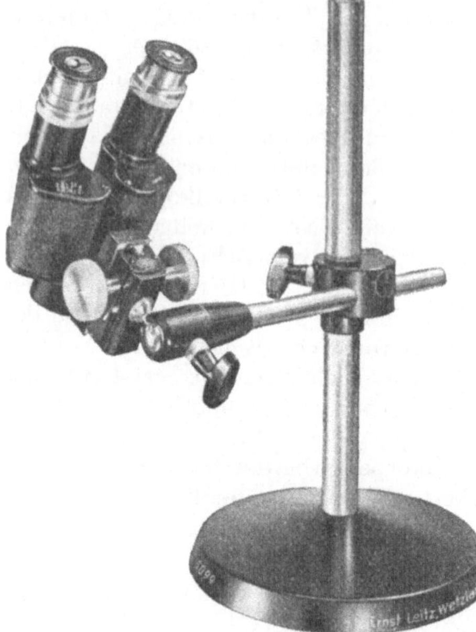

Abb. 12.
Binokulare Prismenlupe. (E. Leitz, Wetzlar.)

Vergrößerung sind geringere Körnungsunterschiede nur von sehr geübten Beobachtern zu erkennen.

20. Härte. Zur Feststellung der Härte bedient man sich am besten wieder der vorhin genannten Normalscheiben als Vergleichsmittel. Am einfachsten wird der Vergleich nach dem Anschabverfahren von Hand durchgeführt. Hierzu verwendet man einen gut gehärteten Schraubenzieher aus bestem Stahl mit etwa 6···8 mm Klingenbreite, mit dem man die zu prüfende Scheibe ankratzt. Man hält den Schraubenzieher hierzu leicht geneigt und dreht ihn unter leichtem Druck mit einer halben bis dreiviertel Umdrehung in die zu prüfende Scheibe hinein. Je größer der hierbei auftretende Widerstand ist, desto härter ist die Scheibe. Zur Eichung des Gefühls bedient man sich der Vergleichsscheiben, und zwar kratzt man am besten zuerst auf der zu untersuchenden Scheibe, dann auf der Vergleichsscheibe und dann wieder auf der ersten. Nach einiger Übung kann man durch Bildung eines Mittelwertes aus Versuch 1 und 3 leicht feststellen, ob die zu untersuchende Scheibe in ihrer Härte der Vergleichsscheibe entspricht.

Besser, weil weniger vom Gefühl des Prüfenden abhängig, ist das Gewichts-Meißel-Prüfverfahren. Hierbei wird mit dem in Abb. 13 gezeigten Gerät ein in der Achsrichtung beweglicher, sehr gut gehärteter Meißel, der durch ein Gewicht belastet ist, einige Male auf der Scheibe rechts und links gedreht. Die hierbei entstehende Eindringtiefe wird an einer Meßuhr abgelesen. Zum Härtevergleich benutzt man wieder die obengenannten Vergleichsscheiben. Notwendig ist selbstverständlich, daß beim Drehen auf der Vergleichsscheibe genau so viel Umdrehungen (3···5) gemacht werden, wie auf der zu untersuchenden Scheibe.

Neben den beiden vorgenannten Härteprüfmethoden sind im Schrifttum noch eine ganze Reihe anderer Untersuchungsverfahren bekannt geworden, die sich aber in allgemeinen Werkzeugprüfstellen alle nicht recht einführen konnten. Einige davon sollen deshalb hier nur kurz erwähnt werden.

Beim Spitzeneintreibverfahren („Sklerofix" der Fa. Kugelfischer) wird eine Art Grammophonnadel mit einem Schlaggerät, ähnlich den selbst-

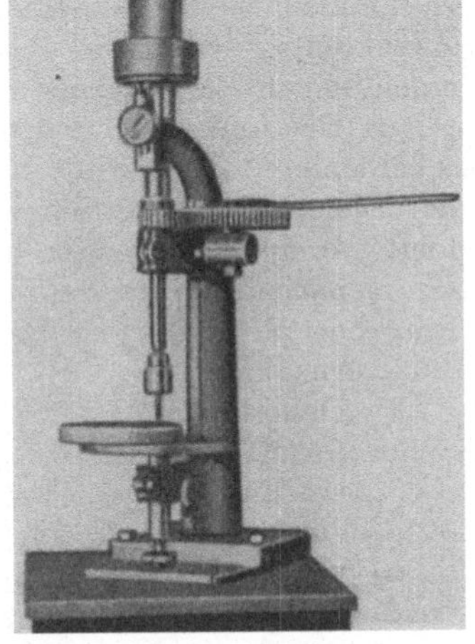

Abb. 13. Gewichtsmeißel-Härteprüfapparat für Schleifscheiben

schlagenden Körnern, durch eine dünne Blechscheibe in die zu prüfende Schleifscheibe geschlagen. Die mit einer Meßuhr zu messende Eindringtiefe ist das Maß für die Härte.

Beim Einrollverfahren (Fa. Herbert Lindner) wird eine runde Hartmetallscheibe in den Umfang der laufenden Schleifscheibe mit gleichbleibendem Druck eingepreßt. Die durch die Abnutzung entstehende Rille in der Schleifscheibe wird mit einer Meßuhr gemessen und ist ein Maß für die Härte. Dieses Verfahren wird insbesondere bei Gewindeschleifscheiben angewendet.

Das amerikanische „Grade-0-Meter" arbeitet ähnlich wie das oben beschriebene Gewichts-Meißel-Prüfgerät, jedoch bohrend und stoßend.

Beim Gebläseverfahren nach Prof. MACKENSEN (Fa. Zeiß, Jena) wird ein Sandstrahl unter bestimmten Verhältnissen auf eine kleine Stelle der zu untersuchenden Schleifscheibe geblasen und die erzeugte Lochtiefe als Vergleichsmaß für die Härte der Scheibe gemessen.

Das *Duromatic-Gerät* nach Prof. G. PAHLITZSCH arbeitet nach dem Schlagmeißelverfahren und ergibt sehr kleine Prüflöcher[1].

---

[1] Vgl. Z. VDJ Bd. 94 (1952) Heft 19, S. 606.

Man kann die Härte der Schleifscheiben auch nach dem Klang prüfen, und zwar gilt dies besonders für große dünne Scheiben. Dies Verfahren wird angewendet, wenn zwei Schleifscheiben zusammen arbeiten sollen und hierbei möglichst genau übereinstimmen müssen, wie z. B. auf MAAG-Zahnräderschleifmaschinen. Solche Scheiben sollen dann klanglich möglichst vollkommen gleich sein.

21. Die fehlerfreie Ausführung wird zweckmäßig durch Augenschein geprüft. Es sollen keine porösen Stellen vorhanden und die Bohrung soll sauber ausgedreht sein. Bleiausguß ist nur dann nötig, wenn die ursprüngliche Bohrung der Scheibe zu groß ist. Allgemein ausgegossene Scheiben zu verlangen, ist vollkommen überflüssig und stellt nur eine Verschwendung wertvollen, devisengebundenen Rohstoffes dar.

22. Fragebogen für die Bestellung von Schleifscheiben. Da, wie bereits erwähnt, auch die beste Schleifscheibenprüfung keine volle Gewähr für die richtige Auswahl der Scheiben bieten kann, ist gerade bei diesen Werkzeugen ein besonders enges Zusammenarbeiten zwischen Betrieb, Hersteller, Einkauf und Prüfstelle notwendig. Zweckmäßig wird man dem Lieferanten bei Bestellung von Schleifscheiben für einen neuen Verwendungszweck an Hand eines ausführlichen *Fragebogens* mitteilen, was und unter welchen Verhältnissen geschliffen werden soll (viele Schleifscheibenhersteller legen von sich aus auch solche Fragebögen vor). Die Bewährung der Lieferung im Betrieb soll dann wieder an Hand eines genauen Schemas verfolgt werden. Hersteller und Verbraucher finden durch solche planmäßige Zusammenarbeit wertvolle Fingerzeige für vorzunehmende Verbesserungen. Ein Fragebogen für die Bestellung enthält kurz zusammengefaßt etwa folgende Fragen:

1. Anzahl?
2. Abmessungen? Durchmesser, Stärke, Lochdurchmesser (DIN-Normen). Bei Sonderformscheiben: Maßskizze!
3. Art und Form der zu schleifenden Werkstücke:
   a) Werkstoff? gehärtet oder ungehärtet?
   b) Vorbearbeitung und Zustand?
   c) Bei Rund- und Innenschliff: Maße?
   d) Bei Flachschliff: Flächen glatt oder unterteilt, mehrere Werkstücke nebeneinander, Kanten, Nähte, Ansätze, Nuten? Maßskizze!
   e) Bei Scharfschliff: Art der Werkzeuge?
4. Art der Schleifmaschine? Schleifbock, Werkzeug-, Rund-, Flächen-, Innen-, Universal- oder Sonderschleifmaschine? Fabrikat? Typ? Zustand?
5. Wie wird geschliffen? Naß? Trocken?
6. An welcher Seite der Scheibe wird geschliffen? Umfang? Stirnfläche?
7. Sauberkeit des Schliffes? Grob, mittelfein, fein, hochglanz?
8. Welche Kornart, Bindung, Körnung, Härte und Porosität und welches Fabrikat wurden bisher benutzt, bzw. welche Scheiben haben sich für die Arbeit gut und welche nicht bewährt? Etikett der Scheibe auf die Rückseite aufkleben! Möglichst Bruchstücke bewährter Scheiben beifügen!
9. Umdrehungszahl der Schleifscheibe: Ist die Maschine für mehrere Umlaufzahlen eingerichtet und für welche?
10. Umfangsgeschwindigkeit des Werkstückes (bei Rund- und Innenschleifen)?
11. Vorschub des Werkstückes oder der Schleifscheibe und Spantiefe (bei Flächen- und Rund- oder Innenschleifmaschinen)?

23. Meldebogen für die Bewährung von Schleifscheiben. a) Bewährung für die betreffende Arbeit:

1. Arbeitsweise: Freischneiden? Vollsetzen? Abnutzung? Gleichmäßige Härte? (kein Unrundwerden).

2. Vielseitigkeit: Zum Schruppen und Schlichten geeignet? Spanleistung beim Schruppen? Sauberkeit des Schliffes beim Schlichten?

3. Einzelurteil: Erscheint Härte geeignet? Erscheint Körnung geeignet? Erscheint Bindung geeignet? Erscheint Gefüge (Porosität) geeignet? Sonstiges?

4. Gesamturteil.

b) Festgestellte Abweichung von Güte, Kornart, Bindung, Härte und Körnung, Gefüge. a) gegenüber früheren Lieferungen, b) der auf obige Bestellung gelieferten Scheiben untereinander.

c) Sonstiges.

24. Meldebogen für Schleifscheibenschäden. Weiterhin ist die eingehende Untersuchung jedes Bruches von Schleifscheiben auf der Maschine aufschlußreich und erkenntnisfördernd für die Beurteilung. Deshalb sollte jeder Schaden ebenfalls an Hand eines eingehenden Fragebogens genauest untersucht werden, und zwar auch dann, wenn keine Personenverletzungen eingetreten sind. Nachstehend ein Schema für einen solchen Fragebogen:

a) *Schleifscheibe.* (Wenn möglich, sollen alle Bruchstücke der Scheibe gesammelt werden.)

1. *Kennzeichnung der Schleifscheibe.* War die Schleifscheibe dem Werkstück angemessen? (Form, Güte, Härte usw. betreffend.) Wurde die Schleifscheibe vor dem Aufbringen auf die Maschine geprüft? Wie? War die Scheibe sehr kalt, als sie in Gebrauch genommen wurde? Lief die Scheibe genau rund und gerade? Wie lange lief die Scheibe, bevor der Bruch eintrat? (Gilt vom letzten Anfahren der Maschine ab.) Kann die Scheibe beim Arbeiten oder im Ruhezustand einen Stoß oder eine ähnliche schädliche Beanspruchung erhalten haben?

2. *Befestigung der Scheibe.* Stand der Bleiausguß beiderseits über die Scheibenoberfläche vor? Schob sich die Scheibe beim Aufbringen leicht auf die Spindel, oder mußte sie mit Gewalt auf ihren Sitz gepreßt werden? Waren die Flanschen in Ordnung? (Genügend weit frei gedreht, gleiche Durchmesser, nicht abgenutzt, nicht verzogen usw.) War der innere Flansch aufgefedert oder sonstwie auf der Spindel befestigt? Waren zwischen Scheibe und Flanschen Weichscheiben aus Pappe oder ähnlichem Stoff gelegt? Genügten Stärke und Durchmesser dieser Weichscheiben? Legten sich die Flanschen satt gegen die Scheibe? Mit welchen Mitteln wurden die Flanschen festgezogen? War ein besonders großer Druck hierzu erforderlich? Waren die Flanschmuttern zu fest angezogen?

b) *Schleifmaschine.* Genaue Kennzeichnung der Maschine (Type, Größe, Alter, Lieferant). War die Maschine in Ordnung bzw. was war fehlerhaft? Wann wurde sie zuletzt aufgearbeitet? Wurden, bevor der Bruch eintrat, Erzitterungen oder Geräusche wahrgenommen? Wie lange ist die Maschine in Ruhe gewesen, bevor sie zum letztenmal angefahren wurde? Waren Schutzvorrichtungen an der Maschine? Richtig hergestellt? Richtig befestigt?

c) *Arbeitsweise.* Was wurde geschliffen? (Art, Werkstoff und Form des Werkstückes.) Wie wurde geschliffen? Umfang oder Stirnfläche? Rund-, Flach-, Scharfschliff; naß oder trocken usw.? Wie groß war die tatsächliche Umfangsgeschwindigkeit der Scheibe (errechnet und möglichst gemessen)? Ist dies die ursprüngliche Geschwindigkeit oder wurde dieselbe seit Aufstellung der Maschine irgendwie verändert? War der Drehsinn der Scheibe richtig? Entstand beim Schleifen starke Wärme? Wie erfolgte die Zustellung der Scheibe und des Werkstücks gegeneinander? War dazu ein besonders großer Druck erforderlich? Kann sich das Werkstück oder ein Fremdkörper zwischen Scheibe und einen anderen Teil der Maschine geklemmt haben? Grund?

25. Untersuchung der Schleifspäne als Bewährungsprüfung. Für die Prüfung der Schleifscheibe auf der Maschine sei kurz auf die Untersuchung der Schleifspäne hingewiesen, die ein recht brauchbares Teilbild über die Betriebsbewährung ergibt. Findet man bei Betrachtung derselben durch ein schwaches Mikroskop viele kleine Schmelzkugeln, d. h. verbrannte Stahlspäne, so kann mit Sicherheit gesagt werden, daß die Scheibe für den vorgesehenen Zweck zu hart ist. Eine Schleifscheibe ist durchaus einem Fräser mit sehr vielen kleinen feinen Zähnen vergleichbar (Zähnezahl etwa zwischen 50 000 und 800 000); sie muß, wenn sie richtig ausgewählt wurde, regelrechte Späne wie beim Fräser, nur wesentlich kleiner, ergeben. Abb. 14 zeigt teils verbrannte, teils geschmolzene Schleifspäne, die nicht vom Werkstück

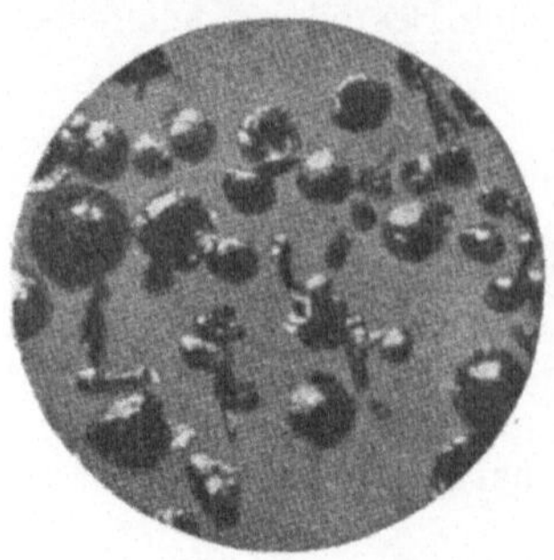

Abb. 14.
Verbrannte und geschmolzene
Schleifspäne (V = 48).

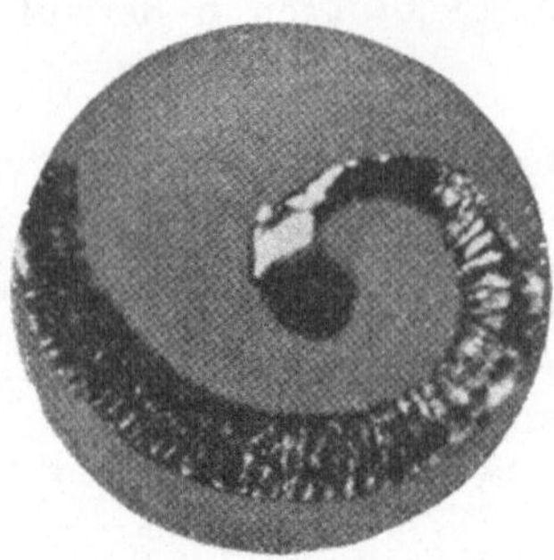

Abb. 15.
Einwandfreier Schleifspan
(stark vergrößert).

abgeschnitten, sondern mehr abgequetscht wurden. Abbildung 15 dagegen zeigt einen einwandfreien von gut gewählter Scheibe bei Naßschliff erzeugten Schleifspan. Eine Anzahl Schmelzkugeln werden sich im Schleifstaub immer vorfinden, sie dürfen aber keineswegs überwiegen. Zweckmäßig ist es, die für die Untersuchung bestimmten Späne mit einem Tuch aufzufangen, besonders wenn es sich um sehr spröden Werkstoff handelt, weil sie sonst beim Aufprallen infolge der hohen Geschwindigkeit leicht zerbrechen.

E. Abricht- und Schneiddiamanten.

Bei der Beschaffung von Diamanten verfährt man meist in der Weise, daß man gemeinsam mit dem Lieferanten aus einer größeren Auswahl vorgelegter Steine die am besten geeignet erscheinenden aussucht. Hierzu ist vorweg zu bemerken, daß die restlose Beurteilung von Diamanten eine Wissenschaft für sich darstellt und außerordentlich viel fachmännische Erfahrung, die nur ein Diamantenhändler haben kann, erfordert. Es empfiehlt sich deshalb, Diamanten nur bei ersten und als einwandfrei bekannten Firmen zu kaufen und sich der von hier gegebenen Ratschläge weitgehendst zu bedienen. Trotzdem muß natürlich auch der Prüfingenieur genügende Kenntnisse auf diesem Stoffgebiet besitzen; er muß in der Lage sein, die Bewährung und Pflege der Lieferungen zu überwachen und ist schließlich der Betriebsleitung gegenüber allein für die Güte verantwortlich. Obwohl es z. Z. wieder genügend Diamanten im Handel gibt, ist es aus geldlichen Gründen notwendig, daß mit Diamanten ganz besonders sparsam umgegangen wird. Insbesondere als Abrichtdiamanten sollten sie nur in den Fällen benutzt werden, bei denen allerhöchste Anforderungen an Oberflächengüte, Maßhaltigkeit und Formgenauigkeit des Werkstückes gestellt werden. In allen anderen Fällen sind diamantfreie Abrichter zu benutzen. Erst wenn durch wiederholte Versuche festgestellt ist, daß diese nicht genügen, ist auf Diamanten zurückzugreifen[1].

---

[1] Vgl. auch: Richtlinien für die Einsparung von Industriediamanten. Masch.-Bau/Betrieb 1940 S. 207. — Diamantsparendes Abrichten von Schleifscheiben. Ebenda 1941 S. 9. — Betriebserfahrungen beim Abrichten von Schleifscheiben. Ebenda 1941 S. 429.

26. Arten der Arbeitsdiamanten. Über die wichtigsten Arten der technisch verwendbaren Diamanten, ihre Fundorte, ihr Aussehen und ihre hauptsächlichen Anwendungsgebiete gibt Tabelle 8 einen Überblick.

Tabelle 8. *Diamantarten und ihre Eignung.*

Karbone.

Aussehen: Schwarze, scheinbar amorphe Steine.

Fundort: Brasilien.

Eignung:

Naturzustand: Besetzen von Bohrkronen und Gesteinsägen; Abdrehen von Schleifscheiben.

Geschliffen: Schneiden von Papierwalzen, Filz, Weich- und Hartgummi, gummifreien und gummihaltigen Isolierstoffen, weichen und harten Metallen und deren Legierungen, von Glas, Edel- und Halbedelsteinen; Druckkörper für Härteprüfgeräte.

Borts und Ballas.

Aussehen: Steine von weißlicher, blauer, grüner, gelber, rötlicher und brauner Färbung.

Fundorte: Kongo, Süd- und Westafrika, Australien, Brasilien, Borneo, Britisch-Guayana.

Eignung:

Naturzustand: Besetzen von Bohrkronen und Gesteinsägen; Abdrehen von Schleifscheiben; Schneiden von Glas; Schutz gegen Abnutzung von Meßflächen u. dgl.

Gespalten: Sägen von optischem Glas, Steinen usw.; Bohren von Glas, Steinen u. dgl.: Gravieren, Polieren und Schleifen von Edelsteinen, optischem Glas, Lehren, Kugellagern, Metallen; Achslager in Meßinstrumenten usw.

Geschliffen: Schneiden von Papierwalzen, Filz, Weich- und Hartgummi, gummifreien und gummihaltigen Isolierstoffen, weichen und harten Metallen sowie deren Legierungen, Glas, Steinen, Emailüberzügen; Gravieren sämtlicher Stoffe; Lagersteine und verschleißsichere Auflagestellen; Meß- und Härteprüfgeräte.

Gebohrt: Ziehsteine für feine Drähte, Preßdüsen für Glühfäden usw.

Die weitaus besten und härtesten, aber auch teuersten Steine sind die *Karbone.* Sie werden meist in geschliffenem Zustand als Schneiddiamanten benutzt. Bei zu hoher Erhitzung sollen sie an Härte verlieren und werden vom Luftsauerstoff angegriffen; dies ist bei der Wahl der Schnittgeschwindigkeit zu berücksichtigen (etwa 300 m/min dürfte als oberer praktischer Richtwert brauchbar sein).

Die meist gebrauchten Diamanten sind *Borts,* aus denen auch die meisten geschliffenen Schneiddiamanten bestehen. In ungeschliffenem Zustand werden Borts vor allem zum Abrichten von Schleifscheiben benutzt (Karbone sind hierfür meist zu teuer). Geschliffene Schneiddiamanten müssen genau für den beabsichtigten Verwendungszweck hergestellt sein. Es ist nicht angängig, einen für die Bearbeitung von Isolierstoffen bestimmten Diamanten auch für die Metallbearbeitung zu benutzen. Hierzu sind besonders hochwertige Diamanten notwendig, deren Schneidflächen in ganz bestimmter Richtung zu den natürlichen Kristallflächen liegen müssen.

27. Prüfung und Verwendung. Alle Diamanten müssen völlig riß- und blasenfrei sein. Man untersucht sie mittels eines Mikroskopes oder einer scharfen Lupe. Auch die feinsten Risse und ganz unscheinbare Blasen können schon beim ersten Ansetzen zum Bruch führen. Bei plötzlichem Temperaturwechsel, wie er bei Abrichtdiamanten dauernd eintritt, platzen Steine mit Rissen fast immer.

Bei *Abrichtdiamanten* achte man immer darauf, daß möglichst viele gut ausgebildete Kristallkanten vorhanden sind. Dies sind die härtesten Stellen. Spaltkanten sind zum Abrichten ungeeignet. Deshalb werden Abrichtdiamanten auch so gefaßt, daß immer eine Kante zum Angriff kommt. Wenn Abrichtdiamanten ohne Umsetzen zu lange benutzt werden, dann werden oft die noch in der Fassung befindlichen neuen Kanten mit abgeschliffen (Abb. 16). Dies ist eine Vergeudung;

deshalb darf man Diamanten nur so weit benutzen, daß ein einwandfreies Umsetzen, bei dem wieder eine neue, noch unbenutzte Kristallkante an die Spitze kommt, möglich ist. Bei Diamanten, die fertig gefaßt gekauft werden, weiß man natürlich nie, wie groß der Stein ist und wie viele Kanten vorhanden sind. Deshalb kaufen vorsichtige Verbraucher nur von bewährten Lieferfirmen oder sonst lieber ungefaßte Steine, die sie dann selbst einsetzen. Große Betriebe sollten sich immer einen Mann als Diamantenfasser ausbilden lassen. Dieser muß dann natürlich auch die abgenutzten Steine umsetzen.

a   b   c

Abb. 16. Gebrauch des Diamanten (nach Ernst Winter & Sohn, Hamburg). *a* Neuer gefaßter Diamant. *b* Bis zur wirtschaftlichen Grenze abgenutzter Diamant. Umsetzen lassen! *c* Fassungsmetall abgeschliffen. Diamant ohne Halt; vier Arbeitskanten vergeudet.

Diamanten mit rundlichen Kanten benutzt man für weiche Schleifscheiben; für harte und feinkörnige Scheiben sind scharfspitzige Steine besser. Im Abrichten weniger geübten Schleifern gebe man *bräunliche* Steine. Sie sind zwar etwas weicher als die anderen, dafür aber zäher und neigen weniger zum Brechen.

Diamanten werden nach Karat gehandelt; ein Karat ist ein Gewicht von 0,2 g. Je größer die abzurichtende Schleifscheibe und je gröber das Korn, desto größer muß auch der Diamant sein. Tabelle 9 mag als Anhalt für die Mindestgröße dienen.

Tabelle 9. *Größe von Abrichtdiamanten für Schleifscheiben.*

Scheibendurchmesser bis mm	100	200	300	500	800 und mehr
Diamantgröße in Karat	$^1/_4$	$^1/_2$	$^3/_4$	1	$1^1/_4$

Kleinere Diamanten als $^1/_4$ Karat sind nicht zweckmäßig, weil die Diamanten zu $^2/_3$ ihrer Größe in der Fassung eingebettet sind und, falls zu klein, nicht genügend Halt haben.

28. Betriebsanweisung für den Gebrauch von Arbeitsdiamanten[1]. Als Muster können ungefähr folgende Bestimmungen für den Gebrauch der Diamanten im Betrieb festgesetzt werden:

1. Beim Abziehen der Schleifscheibe muß sich der Diamant stets in der Einspannvorrichtung befinden; er soll nicht mit der Hand an die Schleifscheibe geführt werden.

2. Wird der Diamant nicht gebraucht, so ist er stets mit der Schutzkappe zu versehen, um zu verhindern, daß er beim Herunterfallen oder Aufstoßen zersplittert.

3. Es ist darauf zu achten, daß die Fassung niemals abgeschliffen wird, da sich der Diamant sonst löst und verloren gehen kann.

4. An dem Diamanten darf niemals gestemmt oder sonst eine eigenmächtige Veränderung vorgenommen werden. Ist die Spitze abgenutzt, so ist der Diamant sofort zum Umsetzen an die Ausgabe zurückzugeben.

5. Bei unrunden Schleifscheiben sowie beim erstmaligen Abziehen neuer Scheiben ist erst der Schleifscheibenabrunder (Rädchen) zu benutzen, da sonst die Abnutzung des Diamanten zu groß ist. Erst wenn die Scheibe gut läuft, wird der Diamant zum Nachziehen benutzt, um einen guten Schliff zu erzielen. Schleifscheiben für Grobschliff dürfen nur mit Rädchen abgezogen werden.

6. Es ist streng darauf zu achten, daß das Abziehen nie trocken, sondern unter einem kräftigen Wasserstrahl, der die ganze Scheibenbreite bespülen muß, mit dem langsamsten Gang der Maschine geschieht.

---

[1] Vgl. AWF-Betriebsblatt 79: Abrichten von Schleifkörpern.

7. Abdrehdiamanten dürfen niemals spannehmend, sondern nur leicht schabend arbeiten. Denn die Diamanten sind trotz größter Härte so spröde, daß sie bei unrichtiger Behandlung zersplittern.

8. Der Arbeiter ist für den in seinem Besitz befindlichen Diamanten voll verantwortlich. Nach dem Gebrauch ist der Diamant sofort an die Aufbewahrungsstelle abzuliefern.

9. Um herausspringende und zersplitternde Diamanten schnell und restlos wieder zu finden, sind beim Abziehen der Schleifscheiben unter diesen Auffangsiebe anzubringen. Ist ein Diamant aus der Fassung gesprungen oder zersplittert, so hat der Arbeiter seinen Arbeitsplatz sofort entsprechend abzusperren und nach dem Diamant bzw. dem Splitter gründlich abzusuchen. Außerdem ist sofort der Meister, der Vorarbeiter oder sonst ein Aufsichtsführender zu benachrichtigen. Es muß alles getan werden, um den Diamant bzw. die Splitter zu finden.

F. Gewindeschneidwerkzeuge.

29. Die Bedeutung der Prüfung von Gewindeschneidwerkzeugen entspricht der vielseitigen Verwendung dieser Werkzeuge in fast jedem Betriebszweig. Ihre einwandfreie und umfassende Prüfung ist eine der wichtigsten Aufgaben der Werkzeugprüfstelle. Leider herrscht auf dem Gebiete der Gewindepassungen, der Grundlage für jede Gewindeanwendung, im Gegensatz zu den Rundpassungen, bei denen die Notwendigkeit genau festliegender Toleranzen seit langem anerkannt ist, noch vielfach Unklarheit. In vielen Betrieben fehlt für die Gewindeprüfung überhaupt jede Einrichtung, in anderen sind allenfalls noch einige Normalgewindelehren vorhanden, mit denen die geschnittenen Gewinde in Streitfällen verglichen werden. Soweit es sich um reine Maschinenbaubetriebe mit Einzelfertigung handelt, in denen nur oder vorwiegend gelernte Facharbeiter beschäftigt sind, mag dies allenfalls noch angehen; für eine geordnete Massenfertigung, die sich in hohem Maße ungelernter Kräfte bedient und deshalb nach den einzelnen Arbeitsgängen Zwischenkontrollen einfügen muß, sind genaue Gewinde aber unumgänglich notwendig; vor allem auch, um die erforderliche Austauschbarkeit zu gewährleisten. Vor der eigentlichen Besprechung der Schneidwerkzeugprüfung soll deshalb zum besseren Verständnis ein kurzer Überblick über den Aufbau der Gewindetoleranzen gegeben werden[1].

30. Gewindepassungen[2]. Rundpassungen haben als Ausgang bekanntlich die Nullinie (Nennmaß). Die Gewindetoleranzen werden analog hierzu auf das theoretische Gewindeprofil als Begrenzungslinie bezogen. Während bei den Rundpassungen aber nur eine einzige Größe, nämlich der Durchmesser von maßgebendem Einfluß ist, sind es bei den Gewinden fünf, und zwar:

Außendurchmesser,	Steigung,
Kerndurchmesser,	Flankenwinkel.
Flankendurchmesser,	

Außerdem beeinflussen sich diese Größen noch gegenseitig. Ein zu kleiner Außendurchmesser wird z. B. scheinbar durch eine zu große oder zu kleine Steigung ausgeglichen. Solch ein Gewinde paßt bei richtig gewählter Mutterhöhe und voller Einschraublänge unter Umständen noch „zügig"; es trägt dann aber nur an ganz wenigen Stellen und kann deshalb auch nicht fest und sicher halten. Ein Gewinde, das nur an den Spitzen trägt, paßt übrigens ebenso „zügig". In schlecht geleiteten Betrieben helfen sich deshalb manchmal die Einrichter bei zu schwachen Schrauben dadurch, daß sie die Gewindebohrer am Außendurchmesser über-

---

[1] Vgl. Werkstattbuch Heft 65 „Messen und Prüfen von Gewinden".

[2] Vgl. Werkstatt u. Betrieb Heft 5/52: H. SCHMIDT, Die neuen Gewindetoleranzen für Gewinde mit metrischem Profil.

schleifen. Dadurch wird der Außendurchmesser des geschnittenen Muttergewindes dann zu klein, so daß sich die Spitzen berühren und bei geringen Maßunterschieden entsprechend verformen. Solche Gewinde sind natürlich nur als „Murks" zu bezeichnen. Der Begriff „zügig" ist übrigens nur irreführend und im Gewindetoleranzsystem unbekannt. Das Verlangen nach „zügiggehenden" Gewinden ist zumindest als rückständig zu betrachten. Es ist unmöglich, in der Massenfertigung „zügige" Gewinde, d. h. solche, die vollkommen ohne Spiel passen, herzustellen; sie können nur vorgetäuscht werden.

Von geringerer Bedeutung für die Gewindepassung sind *Außen-* und *Kerndurchmesser.* Deshalb sind die Maße hierfür so gelegt, daß praktisch keine Berührung zwischen Bolzen und Mutter an diesen Stellen eintreten kann. Der Gewindebohrer insbesondere erhält hierzu im Außendurchmesser ein erhebliches Übermaß, um das notwendige Spitzenspiel zu gewährleisten. An den Flanken dagegen soll eine möglichst satte Anlage erfolgen; deshalb ist der richtige *Flankendurchmesser* am wichtigsten, und auf seine genaue Einhaltung ist der allergrößte Wert zu legen.

Entsprechend den verschiedenen Anforderungen an Schraubenverbindungen sind drei verschiedene Gütegrade — fein, mittel und grob (fein erst noch als Vornorm) — genormt[1]. Sie unterscheiden sich durch die Größe der für den Flankendurchmesser zugelassenen Toleranz. Die Toleranzen werden von der Nullinie = Begrenzungslinie (theoretisches Profil) aus gerechnet, und zwar für Mutterngewinde nach der Plusseite, für Bolzengewinde nach der Minusseite.

Am gebräuchlichsten sind Mittelgewinde; für die weitaus meisten Zwecke genügen sie vollkommen. Lediglich bei wenigen feinmechanischen Konstruktionen u. ä. werden Feingewinde benötigt. Grobgewinde kommen vor allem für die Schwarzschraubenindustrie in Betracht.

31. Tolerieren der Schneidwerkzeuge. Endgültige Normen für die Gewindemaße von Gewindeschneidwerkzeugen liegen noch nicht vor. In großen Betrieben der Metallbearbeitung haben sich die nachstehend aufgeführten Grenzwerte als zweckmäßig erwiesen. Sie wurden während einiger Jahre im praktischen Betriebe erprobt und haben keinen Grund zu Beanstandungen ergeben.

a) *Zulässige Abweichungen für Schneideisen:* Die Abweichungen eines mit dem Schneideisen sorgfältig von Hand geschnittenen Bolzens müssen innerhalb der Grenzmaße „Mittel" nach DIN liegen. Die Durchmessermaße des Probebolzens sollen sich möglichst an der unteren Grenze (Minusseite) halten, damit das Schneideisen eine lange Lebensdauer erreicht. Der theoretische Flankendurchmesser darf in keinem Falle überschritten werden.

b) *Zulässige Abweichungen für Gewindebohrer:*

1. Geschnittene Gewindebohrer:

Kleinstmaß = Nennmaß + $^1/_6$ der nach DIN „Fein" zulässigen Gesamttoleranz.
Größtmaß = Nennmaß + $^5/_6$ der nach DIN „Fein" zulässigen Gesamttoleranz.

2. Geschliffene Gewindebohrer:

Kleinstmaß = Nennmaß + $^1/_6$ der nach DIN „Fein" zulässigen Gesamttoleranz.
Größtmaß = Nennmaß + $^1/_2$ der nach DIN „Fein" zulässigen Gesamttoleranz.

Alle Bohrer müssen in jedem Falle ein Gewinde schneiden, das innerhalb der Mitteltoleranz nach DIN liegt.

3. Für Sonderbohrer, z. B. Bohrer mit ungewöhnlichen Steigungen, Schneideisengewindebohrer, Backenbohrer, gelten die obigen Toleranzen sinngemäß.

Diese Toleranzen sind vorwiegend für die Herstellung von Mittelgewinden bestimmt. Im einzelnen ist hierzu noch zu bemerken: Für die *Schneideisen* muß Prüfung an damit geschnittenen Bolzen vorgeschrieben werden, weil es noch keine brauchbaren Prüfeinrichtungen für die Innengewinde (wenigstens nicht für die kleineren) gibt. Sonst wäre es einfacher, das Gewinde im Schneideisen selbst zu messen. Es muß aber auch darauf geachtet werden, daß die Maschinen, auf denen die Eisen im Betrieb verwendet werden, in Ordnung sind, insbesondere, daß die Achsenlage stimmt, und daß die Eisen beim Schneiden nicht „drängen". Sonst kann es vorkommen, daß sie hauptsächlich nur Grobgewinde ergeben. Es wäre aber

---

[1] Die hier kurz wiedergegebenen Grundzüge der Gewindetoleranzen beziehen sich auf die DIN-Normen.

falsch, bei Vorliegen solcher Umstände die Schneideisen enger, d. h. innerhalb der Feintoleranz zu legen; richtiger ist es, die Schneidverhältnisse *an den Maschinen* zu verbessern.

Verlangt man vom Lieferanten die Mitlieferung der *Prüfbolzen*, so ist bei der Abnahme darauf zu achten, daß die Bolzen auch wirklich mit den dazugehörigen Eisen geschnitten sind. Dies kann man am einfachsten an Bolzen erkennen, die nur zu einem Teil Gewinde tragen. Die vom Anschnitt herrührenden Gewindeansätze müssen mit dem Anschnitt des Eisens, der immer geringe Unterschiede aufweist, übereinstimmen. Am besten ist es, wenn man vorschreibt, daß die Schneideisen so auf den Bolzen aufgeschraubt bleiben müssen, wie sie am Schluß des Aufschneidens stehen. Die noch festsitzenden Schneidspäne sollen ebenfalls nicht entfernt werden; man kann aus ihren Formen recht gut Schlüsse auf die Schneideigenschaften des Eisens ziehen. Das aus dem Eisen herausragende gewindetragende Stück sollte so lang sein, daß man die notwendigen Messungen hieran vornehmen kann, ohne das Schneideisen abzuschrauben (Abschn. 32).

Selbstverständlich muß man dem Lieferanten die Mitlieferung der Bolzen bezahlen. Ein Preis von 5···10% des Schneideisenpreises erscheint angemessen. Voraussetzung hierbei ist, daß der Lieferant selbst auch schon eine Prüfung der Genauigkeit an den Bolzen vorgenommen hat.

Aufgesprengte Schneideisen können in den bekannten genormten Kapseln auf genauen Durchmesser eingestellt werden. Hiervon wird aber verhältnismäßig wenig Gebrauch gemacht, weil die Einstellung nicht ganz einfach ist, viel Zeit erfordert und vor allem nicht gleich bleibt. Deshalb ist es ratsam, nur geschlossene Schneideisen zu beschaffen. Wenn diese dann abgenutzt sind, kann man sie immer selbst aufsprengen und nach Wunsch nachstellen. Auf Automaten sollten besonders aus Gründen der gleichbleibenden Einstellung nur geschlossene Schneideisen Verwendung finden.

Zusammenfassend ist zu sagen, daß ein Schneideisen angesichts der hohen Anforderungen, die die neuzeitliche Fertigung an Gewinde stellt, ein verhältnismäßig rohes Werkzeug ist. Deshalb sollte man sich in höherem Maße der Gewindeschneidköpfe bedienen, die für alle Gewindegrößen (schon ab 0,8 mm Durchmesser) in erstklassiger Ausführung erhältlich sind.

Entsprechend dem zu schneidenden Werkstoff und der Arbeitsweise kann bei diesen jede gewünschte Toleranz einfach und einwandfrei sicher eingestellt werden. Die Backen sind außerdem auf geeigneten Vorrichtungen leicht nachschleifbar, während man beim Nachschärfen von Schneideisen immer von der Geschicklichkeit des Werkzeugmachers abhängig ist, sofern keine besonderen Schneideisenschleifmaschinen vorhanden sind.

Am *Gewindebohrer* ist das Messen des Gewindes verhältnismäßig einfach, deshalb wurden unmittelbar Toleranzen für den Bohrer vorgeschrieben, und zwar verschieden groß für Bohrer in geschnittener und geschliffener Ausführung. Wegen des unvermeidlichen Aufschneidens der Bohrer liegen die Maße im Bereich der Feintoleranz. Geschnittene Bohrer sind weiter toleriert als geschliffene, weil bei ihrer Herstellungsart keine engeren Toleranzen wirtschaftlich möglich sind.

Abb. 17.
Werkstattmeßmikroskop. (E. Leitz, Wetzlar.)

32. Das Messen von Gewindebohrern mit gerader Nutenzahl und von Schneideisenprüfbolzen kann mit denselben Geräten vorgenommen werden. Am gebräuchlichsten zum Messen von Steigung und Flankenwinkel ist ein Werkstattmeßmikroskop (z. B. Abb. 17) und für den Flankendurchmesser das Meßverfahren mit 3 Drähten (Abb. 18) oder auch mit Kegel und Kimme mit festen oder auswechselbaren Einsätzen (Abb. 19). Diese Meßgeräte dürften so bekannt sein, daß auf ihre nähere Beschreibung an dieser Stelle verzichtet werden kann. Zu bemerken ist lediglich, daß bei Benutzung von Gewindeschraublehren mit Kegel und Kimme Vorsicht am Platze ist. Sie messen nur richtig, wenn der Gewindewinkel genau ist. Andernfalls tritt nicht die notwendige Flankenberührung ein und Fehlmessungen oft erheblicher Größe sind die Folge.

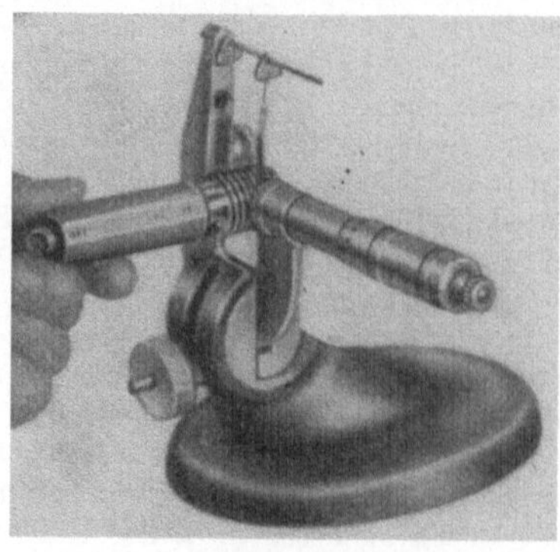

Abb. 18. Schraublehre zum Messen des Flankendurchmessers mit 3 Drähten. (Carl Zeiß, Jena.) Bei neueren Ausführungen dieses Gerätes sind die Drähte in besonderen Haltern angeordnet. Diese Abbildung ist der Anschaulichkeit wegen beibehalten worden.

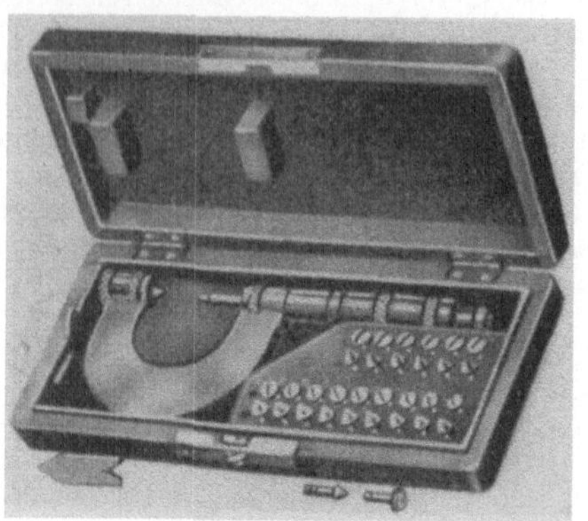

Abb. 19. Gewindeschraublehre mit auswechselbaren Einsätzen. (Carl Zeiß, Jena.)

33. Das Messen dreischneidiger Gewindebohrer ist wesentlich schwieriger. Zwar ist auch hierfür schon eine Reihe Vorrichtungen bekannt; sie konnten sich aber fast alle nicht recht einführen, weil entweder das Messen zu lange Zeit in Anspruch nimmt oder zu umständlich ist und nicht genügend genaue Werte ergibt. Einige der bekannten Vorrichtungen sind für große Bohrerdurchmesser einigermaßen geeignet, versagen aber bei den kleinen. Dreischneidige Bohrer werden aber meist nur bis zu etwa 10 mm Durchmesser hergestellt, weil sie bei diesen kleinen Durchmessern besser schneiden als viernutige.

Abb. 20. Meßgerät mit Meßuhr für drei- und fünfteilige Gewindebohrer. (Carl Mahr, Eßlingen.)

Eine brauchbare Meßvorrichtung für dreischneidige Gewindebohrer muß die nachstehenden Forderungen erfüllen:

1. Sie muß leicht und einfach zu bedienen sein.

2. Sie muß möglichst universell sein, d. h. es muß mindestens der Außen- und Flankendurchmesser damit gemessen werden können.

3. Die Meßgenauigkeit muß genügen, um die zugelassenen Toleranzen mit Sicherheit festzustellen.

Diesen Bedingungen genügen manche Meßgeräte nur teilweise.

a) *Dreifachschraublehre.* Der zu messende Gewindebohrer wird zwischen drei radial auf einem Ring angeordnete Meßspindeln gelegt und diese werden dann so lange verstellt, bis sie alle drei den gleichen Wert zeigen. Dies ist dann der tatsächlich vorhandene Durchmesser. Da zwei der Meßschrauben auch in dem Ring verstellbar sind, ist die Lehre auch für andere Nutenteilungen brauchbar.

Zum Messen des Flanken-durchmessers ist die Lehre nicht ohne weiteres geeignet. Das Einlegen von Meßdrähten ist sehr umständlich.

b) *Ein Meßgerät mit Meß-uhr* zeigt Abb. 20. Es kann nach einem Gewindelehrdorn eingestellt werden und gibt dann zahlenmäßig an, um wieviel der zu prüfende Gewinde-bohrer abweicht. Als Meß-stücke werden Kegel und Kimme verwendet.

c) *Spitzenapparat zum Durchmessermessen* (Abb. 21). An einem gewöhnlichen Spit-zenapparat ist senkrecht zur Verbindungslinie der Spitzen eine Feinmeßschraube ange-ordnet, die so eingestellt ist, daß ihr Nullpunkt mit der Verbindungslinie zusammen-fällt. Ein darüber angeord-neter Meßdrahthalter gestattet (ähnlich wie bei der Gewinde-flankenmeßvorrichtung mit Drähten) das Aufhängen eines Meßdrahtes zur Flankenmessung. Zur Bestimmung des Außen-durchmessers wird die Meßfläche der Schraublehre unmittelbar auf den Bohrer aufgesetzt.

Abb. 21. Spitzenapparat für die Durchmesserbestimmung dreischneidiger Gewindebohrer mit Körnerlöchern.

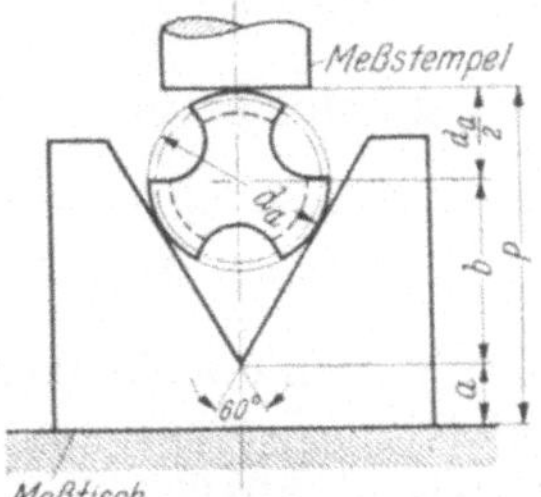

Abb. 22. Messen des Außen-durchmessers dreiteiliger Gewindebohrer.

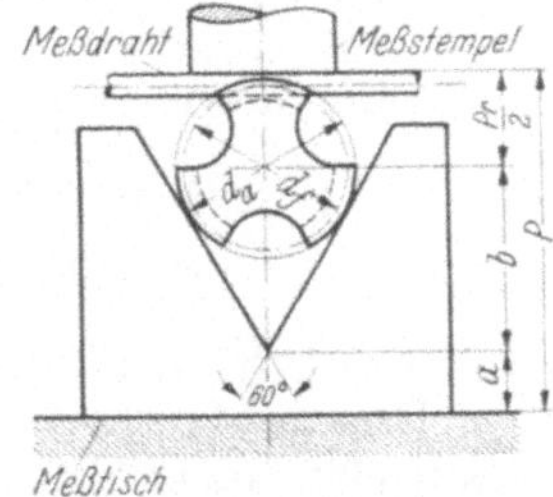

Abb. 23. Messen des Flanken-durchmessers dreiteiliger Gewindebohrer.

Selbstverständlich wird mit dieser Vorrichtung nicht der Durchmesser bzw. beim Flankenmessen nicht das Prüfmaß, sondern nur der Halbmesser oder das halbe Prüfmaß gemessen, die abgelesenen Werte muß man also verdoppeln, um den Außen-durchmesser bzw. das Prüfmaß bei der Flanken-durchmesserbestimmung zu erhalten. Falls die Bohrer nicht genau laufen (Härteverzug), ist an allen drei Schneiden zu messen und das Mittel zu bilden.

d) *Meßprismen zum Durchmessermessen* (Ab-bildungen 22···24). Während die eben beschriebene Vorrichtung sich nur für Bohrer mit Zentrier-bohrungen eignet, können genau gearbeitete Prismen mit 60⁰ Winkel in Verbindung mit

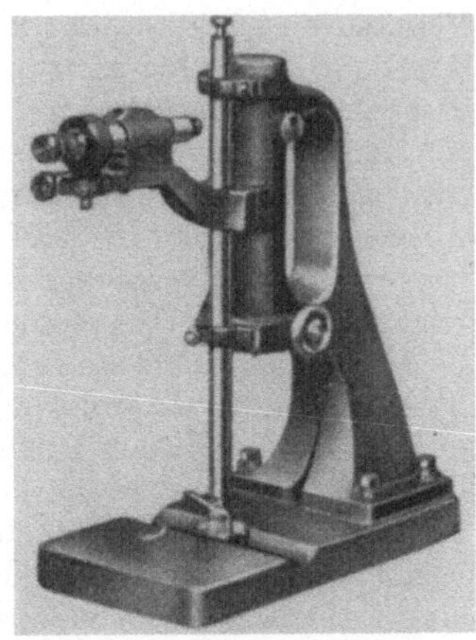

Abb. 24. Meßapparat für die Durchmesser-bestimmung dreischneidiger Ge-windebohrer ohne Körnerlöcher.

einem geeigneten Meßgerät (Optimeter, Orthotest, Dickenmesser usw.) zur Außen-und Flankendurchmesserbestimmung aller dreischneidigen Bohrer benutzt werden. Um z. B. Bohrer bis zu etwa 12 mm Durchmesser messen zu können, genügen drei Prismen, die so gestuft sein müssen, daß der kleinste Bohrer noch so weit aus dem für seine Messung bestimmten Prisma (Abb. 22) herausragt, daß ein waagerecht eingelegter Meßdraht das Prisma noch nicht berührt. Der größte für dieses Prisma noch zulässige Bohrer muß mit den beiden unteren Schneiden noch innerhalb der Prismenflächen liegen. Außerdem sollen die Prismen möglichst schmal sein, damit das Meßergebnis bei krummen Bohrern nur wenig beeinflußt wird.

Das Prisma mit eingelegtem Bohrer (Abb. 22 und 23) wird unter das Meßgerät (Abb. 24) gebracht und die Gesamthöhe P wird bestimmt. Bei der Außendurchmesserbestimmung wird der Meßstempel unmittelbar aufgesetzt (Abb. 22), während zum Messen des Flankendurchmessers ein Meßdraht waagerecht in das Gewinde eingelegt wird (Abb. 23). Die beiden anderen Schneiden liegen unmittelbar an den Flächen des Prismas an.

Beim Messen des Außendurchmessers (d_a) ist:

$$P = d_a/2 + b + a; \text{ darin ist } b = \frac{d_a/2}{\sin 30°} = d_a, \text{ also}$$

$$P = 1{,}5\,d_a + a \quad \text{oder} \quad d_a = \frac{P - a}{1{,}5}. \tag{1}$$

Beim Messen des Flankendurchmessers (d_f) ist:

$$P = P_r/2 + b + a; \text{ also mit } b = d_a \text{ (s. oben)}$$

$$P = P_r/2 + d_a + a \quad \text{oder} \quad P_r/2 = P - d_a - a. \tag{2}$$

P_r ist das Prüfmaß, das beim Messen des Flankendurchmessers nach dem bekannten Dreidrahtverfahren[1] entsteht; d_a ist der wirklich vorhandene, z. B. nach (1) ermittelte (nicht der theoretische) Außendurchmesser.

Eine Vergrößerung des Flankendurchmessers bei gleichem Außendurchmesser um 1 hebt den Meßstempel natürlich nur um $^1/_2$; mit anderen Worten: Ist der gemessene Wert für P um 1 größer als der errechnete, so ist der wirklich vorhandene Flankendurchmesser um 2 zu groß.

Die Vorrichtung mißt den Flankendurchmesser natürlich nur dann genau, wenn er genau zum Außendurchmesser läuft. Das ist aber wohl immer der Fall.

Empfehlenswert ist es, für den Gebrauch der Prismen Tafeln aufzustellen, die insbesondere auch die Korrekturwerte entsprechend dem tatsächlich gemessenen Außendurchmesser für die Flankendurchmessermessung enthalten, so daß der Prüfer nicht erst zu rechnen braucht, sondern nach seiner Messung den wirklich vorhandenen Wert aus den Tafeln ablesen kann.

Man kann die Prismen auch so gestalten, daß an allen drei Rippen des Gewindebohrers Meßdrähte anliegen. Es sind dann aber fünf Drähte erforderlich, und zwar je zwei für die an den Prismenflächen anliegenden Rippen und einer für die obenliegende. Es ist aber sehr schwer, alle fünf Drähte gleichmäßig einzulegen und zu halten. Man klebt die in dem Prisma liegenden vier Drähte mit etwas Vaseline fest. Einfacher ist es, die Einrichtung mit einem Draht zu verwenden, zumal die hierbei notwendige Rechnung beim Gebrauch guter Tafeln entfällt.

Bei der Prüfung von geschliffenen Gewindebohrern ist zu beachten, daß diese meist im Gewinde hinterschliffen sind. Deshalb müssen die Meßdrähte immer dicht an der Schneidkante angelegt werden. Weiterhin ist zu untersuchen, ob das Gewinde leicht kegelig oder genau zylindrisch ist. Viele Lieferanten halten ihre Bohrer nach hinten zu schwach kegelig, damit ein leichter Schnitt erreicht wird.

---

[1] Siehe z. B. Werkstattbuch Heft 65 „Messen und Prüfen von Gewinden".

In solchen Fällen muß man dann bei der Prüfung die stärkste gleich hinter dem Anschnitt liegende Stelle zum Messen benutzen.

Es könnte die Frage auftauchen, weshalb man nicht einfach Gewindebohrer ebenso wie Schneideisen prüft, indem man mit ihnen schneidet und dann die geschnittenen Löcher in der üblichen Weise mittels Gewindelehren untersucht. Dies Verfahren ist durchaus brauchbar und sollte jedenfalls möglichst oft neben der unmittelbaren Maßprüfung mit herangezogen werden. Es ist aber zeitraubender, weil mechanische Vorarbeiten (Lochbohren, Gewindeschneiden usw.) notwendig sind, und bringt auch durch das verschieden große, von mehreren Umständen abhängige Aufschneiden (Größerwerden) des Gewindes eine nicht zu bestimmende Unsicherheit in den Prüfvorgang. Beim Schneideisenprüfen ist man gezwungen, diese in Kauf zu nehmen, bei der Bohrerprüfung kann sie aber ausgeschaltet werden. Die Anwendung beider Prüfverfahren nebeneinander gibt neben einer hohen Sicherheit außerdem auch wertvolle Fingerzeige über die Bearbeitungseigenschaften der verschiedenen Werkstoffe, die in gewissen Fällen auch sehr gut auf andere Arbeitsarten übertragen werden können (z. B. Bestimmung des Wetzmaßes für sehr genaue Reibahlen, da beim Reiben ähnliche Aufschneideverhältnisse vorliegen wie beim Gewindeschneiden).

34. Prüfung des Schneidmoments. Neben einer möglichst hohen Genauigkeit wird von einem Gewindeschneidwerkzeug, ebenso wie von allen anderen Schneidwerkzeugen, auch ein leichter und gleichmäßiger Schnitt verlangt. Zum Prüfen des Schneidmomentes werden im Handel Apparate angeboten, die wohl recht gut, aber auch ziemlich teuer und nicht ganz einfach zu bedienen sind, so daß sich ihre Anschaffung im allgemeinen nur für

Abb. 25. Meßeinrichtung für das Schneidmoment von Gewindebohrern und Schneideisen.

ganz große Prüffelder und wissenschaftliche Untersuchungsstätten lohnt. Man kann sich aber auch, wie Abb. 25 zeigt, aus einer gebrauchten Dreh- oder Drückbank und einem Zugkraftmesser sehr leicht eine durchaus brauchbare Meßeinrichtung für das Schneidmoment selbst herstellen. Hierzu wird der Spindelstock mit einer Handdrehvorrichtung versehen. Auf den Spindelkopf wird fest mit diesem verschraubt ein Dreibackendrehfutter gesetzt, das zur Aufnahme der ungeschnittenen Prüfmutter oder bei der Schneideisenprüfung des Prüfbolzens dient. Der zu prüfende Bohrer bzw. das Schneideisen wird in das Dreibackendrehfutter der Reitstockspindel gespannt, die in der Achsrichtung beweglich ist (Handdruckhebel zum Einleiten des Schneidvorganges), deren Drehbestreben beim Schneidvorgang aber von dem Zugkraftmesser aufgehalten und gemessen wird.

Die zum Prüfen erforderlichen ungeschnittenen Muttern und Bolzen sind in der Bohrung tadellos sauber gerieben bzw. die Bolzen sauber rund und zylindrisch gedreht. Es empfiehlt sich, für die gebräuchlichsten Gewindearten eine Reihe Mutternstücke und Bolzen vorrätig zu halten, vor allem auch, damit Gleichmäßigkeit des Werkstoffes gewährleistet ist.

Die Einrichtung kann auch zum Messen des Bruchmomentes von Gewindebohrern benutzt werden. Die Mutter wird hierbei durch ein gehärtetes Formstück ersetzt, das den Bohrer umfaßt, und der Bohrer durch Verdrehen zerbrochen. Die Bruchlast kann wieder am Kraftmesser abgelesen werden.

Es soll an dieser Stelle noch besonders darauf hingewiesen werden, daß man mit einer solchen Schneidvorrichtung sehr leicht auch die gerade heute sehr notwendigen Versuche zur Anpassung des Anschnittes an neue Werkstoffe machen kann. Man braucht sich dann nicht auf das Urteil der Werkstatt zu verlassen, das meist bei jedem Einrichter anders ausfällt.

Eine Aufschreibeeinrichtung, wie an den käuflichen Geräten, ist an dem beschriebenen nicht vorhanden. Dies ist aber in den meisten Fällen auch nicht nötig, weil weniger der ganze Verlauf und die relative Höhe des Kraftbedarfes wissenswert ist; viel wichtiger sind die Spitzenwerte (Schleppzeiger am Kraftmesser), weil gerade sie den Bohrer angreifen und zu seinem Bruch führen. Man kann aber natürlich die Schwankungen am Kraftmesser auch sehr gut mit dem Auge verfolgen, Solche Beobachtungen sind z. B. notwendig bei der Untersuchung von Schmiermitteln für das Gewindeschneiden und in gewissem Umfange auch für die Feststellung des notwendigen Kernlochmaßes bei neuen Werkstoffen.

35. Weitere Ausführungs- und Prüfvorschriften. a) *Härte.* Die Rockwellhärte C der Schneideisen soll $58 \cdots 60$, die der Gewindebohrer $61 \cdots 63$ betragen (s. auch unter Härteprüfung S. 58). Dünne Gewindebohrer können zugunsten der Zähigkeit etwas weicher sein. Die Prüfung kann mittels Feile vorgenommen werden. Bei der Anwendung eines Härteprüfgerätes mit Vorlast (Rockwell) ist zu berücksichtigen, daß Schneideisen meist am Außendurchmesser weicher sind. Der Diamant muß deshalb möglichst nahe an den Zähnen angesetzt werden. Deshalb ist die Vickers-Prüfung mit geringer Vorlast noch besser geeignet. Beim Gewindebohrer müssen Schaft und Vierkant gut federhart sein.

b) *Ausführung:* Die Gewinde guter *geschnittener Gewindebohrer* werden nur mittels ein- oder mehrzahniger Drehstähle hergestellt. Mit Schneideisen geschnittene Gewindebohrer sind weniger hochwertig. Man erkennt einen mittels Schneideisen geschnittenen Gewindebohrer am Gewindeauslauf, an dem fast immer die Ansätze des Schneideisenanschnittes sichtbar sind. Gewindebohrer mit *gerollten* Gewinden sind in letzter Zeit in erheblichem Umfange eingeführt worden. Ihre Genauigkeit ist geringer als die der geschnittenen, dafür liegen sie preislich günstiger. Für viele einfache Zwecke, z. B. einfache Apparateteile oder Kunstharzpreßstoffe, genügen sie vollauf.

Bei *Schneideisen* ist auf genügende Größe der Spanlöcher zu achten, damit kein Verstopfen eintritt. Die Werte der Tabelle 10 für die Schneidrippen und Spanlöcher haben sich als Richtwerte bewährt.

Tabelle 10. *Richtwerte für Schneideisen.*

Außendurchmesser des Schneideisens mm	16	20	25	30	38	45	55	65	75	90
Anzahl der Spanlöcher	3	3	4	4	4	4	5	5	6	6
Wandstärke zwischen Außendurchmesser und Spanloch . . . . mm	2	2,5	3	3,5	4	5,5	6	7	8	9

Die Stärke der Schneidrippen ist ungefähr gleich der Spanlücke. Sie darf kleiner, aber nicht größer sein als die Lücke. Der Durchmesser der Spanlöcher ergibt sich aus obigem. Sie dürfen eher etwas größer, nicht aber kleiner sein. Bei den kleinen Gewindedurchmessern nur *ein* Spanloch (nicht zwei radial hintereinanderliegende). Bei den großen Gewindedurchmessern, bei denen das Spanloch oval wird, ist der Halbmesser so zu wählen, daß mindestens die volle Gewindetiefe gerade ist.

c) *Dauerhaftigkeit.* Als gut gilt ein 10-mm-Schneideisen, das bis zum ersten Nachschleifen bei ordnungsmäßigem Gebrauch auf mittelhartem Maschinenstahl etwa 800 Gewinde von 30 mm Länge schneidet und sich etwa $10 \cdots 12$ mal bis zum endgültigen Verschleiß nacharbeiten läßt. Ein guter Gewindebohrer von

25 mm Durchmesser soll bis zum ersten Nachschleifen etwa 500 Löcher von 40 mm Tiefe schneiden und sich ebenfalls bis zum völligen Verschleiß 10 $\cdots$ 12 mal nacharbeiten lassen.

G. Aufarbeiten abgenutzter Werkzeuge.

Die nachfolgend angegebenen Erfahrungswerte sind selbstverständlich nur als Richtwerte zu betrachten, die je nach Eigenart des Betriebes auch nur mit gewissen Abweichungen gültig sind. Wenn sie dazu anregen, Vergleiche zu ziehen, Messungen vorzunehmen oder Kostenaufstellungen zu machen, so ist schon ihr Zweck erreicht. Aus den verschiedenen Werkzeuggruppen sind Beispiele herausgegriffen.

36. Bruchverluste. Bei Reibahlen, Spiralbohrern und Gewindebohrern ist von vornherein mit einem gewissen Bruchverlust zu rechnen, obgleich recht selten zu große Härte festgestellt wird. Außerdem lassen etwa 10% dieser Werkzeuge in der Leistung vorzeitig nach, d. h. sie stumpfen zu schnell ab. Dieser Prozentsatz zeigt sich sogar bei genau gleichen Marken von ein und derselben Firma.

Tabelle 11. *Bruchverlust-Mittelwert für Reibahlen, Spiralbohrer und Gewindebohrer.*

40 bis 50% bei Durchmessern von 0,3 bis 4 mm
30 „ 40% „ „ „ 3,1 „ 6 „
20 „ 30% „ „ „ 6,1 „ 12 „
10 „ 20% „ „ „ 12,1 „ 20 „
2 „ 10% „ „ „ über 20 „

Diese Bruchverluste sind in den weiteren Angaben nicht berücksichtigt. Das Aufarbeiten der heil gebliebenen Werkzeuge ist also noch vorteilhafter, als die berechneten Zahlen erscheinen lassen.

37. Spiralbohrer, 20 mm Durchmesser   Neupreis DM 12,50
Gebrauchsdauer bis zum Nachschliff: rd. 3 Stunden, entsprechend rd. 180 Löchern je 25 mm tief oder 60 Löchern je Stunde. Wenn der Bohrer mit $n = 375$ Umdr./min und einem Vorschub $s = 0,2$ mm/Umdr. ununterbrochen schneiden könnte, so würde er nach 4500 mm Bohrtiefe stumpf geworden sein, aber nur 1 Stunde dazu gebraucht haben.
Erforderliche Nachschleifzeit: 3 Minuten.
Einmalige Nachschleifkosten einschließlich 100% Zuschlag   DM 0,22
Anzahl der möglichen Nachschliffe: rd. 150
Gesamtlebensdauer: rd. 450 Stunden = 2,25 Monate
Art der Nacharbeiten: Scharfschleifen der Schneidlippen.

38. Walzenfräser, 90 mm Durchm., 100 mm lg., 18 Zähne   Neupreis DM 87,—
Gebrauchsdauer bis zum Nachschleifen: 16 Stunden
Erforderliche Nachschleifzeit: 55 Minuten
Einmalige Nachschleifkosten einschließlich 100% Zuschlag   DM 4,40
Anzahl der möglichen Nachschliffe: 40 $\cdots$ 50
Gesamtlebensdauer: bis 800 Stunden = 4 Monate
Art der Nacharbeiten: Scharfschliff nach Sondervorschrift (s. S. 10).

39. Abwälzfräser, hinterdreht, 132 mm Durchmesser, 8 Zähne, Mod. 6, Zahnstärke 28 mm   Neupreis DM 196,—
Gebrauchsdauer bis zum Nachschliff: 16 Stunden
Erforderliche Nachschleifzeit (einschließlich Einrichten): 60 Minuten
Einmalige Kosten dafür einschließlich 100% Zuschlag   DM 4,80
Anzahl der möglichen Nachschliffe: 60 $\cdots$ 65 (bei 28 mm Zahnstärke)

Gesamtlebensdauer: bis rd. 1000 Stunden = 5 Monate
  Art der Nacharbeiten: Scharfschliff nach Sondervorschrift
(s. S. 10).
  40. Reibahle SS, 20 mm Durchmesser   Neupreis DM   11,40
Gebrauchsdauer·bis zum Nachschliff: 24···32 Stunden (an Automaten)
Erforderliche Nachschleifzeit: 50 Minuten
Einmalige Kosten dafür einschließlich 100% Zuschlag   DM   4,—
Anzahl der möglichen Nachschliffe für Nennmaß: 2
Lebensdauer für Nennmaß: bis 96 Stunden = 12 Tage
  Art der Nacharbeiten: Nachschliff der Spanfläche, gegebenenfalls
auch des Durchmessers.
  41. Schleifscheiben. Kleine Schleifscheiben zum Innenschleifen kann man mit
Vorteil durch Ausbohren aus Scheibenresten herstellen. Man braucht dazu einen
mit Diamanten besetzten Ausbohrapparat (Abb. 26 u. 27). Dieser kann wie ein gewöhnlicher Bohrer in einer Bohrmaschine verwendet werden. Er arbeitet mit 1000 Umdr./min und einem Vorschub von rd. 0,03 mm/Umdr. Da die Bohreinrichtung beim Ausbohren kleiner Schleifscheiben zugleich auch das Loch in der Scheibe herstellt, so braucht man für eine hier als Beispiel gewählte Scheibe von 30 mm Außendurchmesser, 30 mm Breite und 13 mm Bohrung eine reine Bohrzeit von 1 min. Man erhält dann unter der Voraussetzung, daß der Apparat bis zu seiner Abnutzung eine Leistung von 1500 Scheiben obiger Dicke hergibt (die wirkliche Lebensdauer ist wenigstens doppelt so groß),

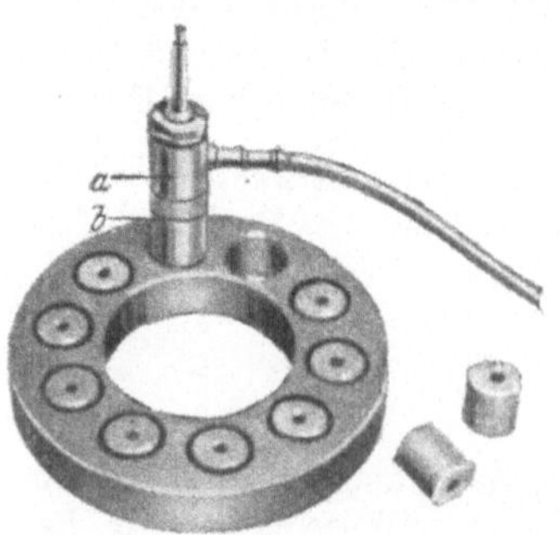

Abb. 26. Das Bohren von Schleifscheiben. (Ernst Winter & Sohn,
Hamburg.)

folgende Aufstellung:
Kosten des Ausbohrapparates: rd. DM 380,—,
also für eine Schleifscheibe bei 1500 Stück   DM   0,23
Arbeitslohn für 1 min Bohrzeit nebst $^1/_2$ min
Nebenzeit, unter Hinzufügung eines mittleren
Gemeinkostenzuschlages   DM   0,15
                                         Summe DM   0,38

  Da eine neue Innenschleifscheibe obiger Abmessungen
rd. DM 1,70 kostet, so werden nach diesem Verfahren 78%
gespart. Außerdem wird wertvoller Werkstoff nutzbar
gemacht.
  42. Gewindebohrer WS, 10 mm Durch-
messer   Neupreis DM   1,40
Gebrauchsdauer bis zum Nachschliff: 20 Stun-
den, entsprechend 500 Löchern je 20 mm tief
oder 25 Löchern je Stunde.
Erforderliche Nachschleifzeit: 5 Minuten
Einmalige Nachschleifkosten einschließlich 100%
Zuschlag   DM   0,37

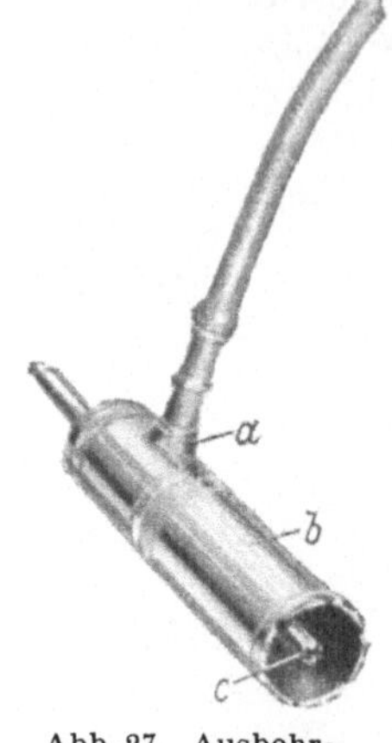

Abb. 27 Ausbohr-
apparat für Schleif-
scheiben. a = Wasser-
spülbuchse; b = äußerer
Bohrer; c = innerer
Bohrer.

Anzahl der möglichen Nachschliffe der Spanflächen: 10
Gesamtlebensdauer: 220 Stunden = 1,1 Monate.
  Art der Nacharbeiten: Nachschleifen der Spanflächen bzw. mit jedem dritten
Schliff auch Nachschleifen der Rillen, kegeliges Hinterschleifen des Anschnitt-·

endes. Bei stärkerem Ausbruch am Anschnittende ist der Bohrer entsprechend zu verkürzen.

Das Hinterschleifen erfolgt zweckmäßig mit Sonder-Anschnitthinterschleifmaschinen, wodurch die Symmetrie des Bohrers gewahrt bleibt und demzufolge die Lebensdauer gesteigert wird.

Gewindebohrer WS, 25 mm Durchmesser   Neupreis DM   3,85
Gebrauchsdauer bis zum Nachschliff: 30 Stunden, entsprechend
500 Löchern je 40 mm tief oder etwa 17 Löchern je Stunde
Erforderliche Nachschleifzeit: 8 Minuten
Einmalige Nachschleifkosten einschließlich 100% Zuschlag   DM   0,60
Anzahl der möglichen Nachschliffe: 10
Gesamtlebensdauer: 330 Stunden = 1,65 Monate
Art der Nacharbeiten: wie oben.

II. Meßgeräte.

A. Wasserwaagen.

Im Handel werden neben den *hölzernen* Wasserwaagen (Abschn. 47) zwei Arten von *eisernen* Wasserwaagen geführt und zwar: 1. Gewöhnliche Wasserwaagen, 2. Genauigkeitswasserwaagen[1].

Beide Arten unterscheiden sich besonders dadurch, daß bei Genauigkeitswasserwaagen eine ganz bestimmte Empfindlichkeit angegeben wird, die meist auf einem angeschraubten Metallschild (Abb. 28) aufgezeichnet ist. Für gewöhnliche Wasserwaagen dagegen wird eine Empfindlichkeit nicht genannt. Sie zeigen deshalb beim Gebrauch nur an, ob eine Fläche waagerecht ist oder nicht; um wieviel der zu prüfende Gegenstand aus der Waage liegt, kann damit nicht festgestellt werden. Aus diesem Grunde werden im Maschinenbau vorwiegend Genauigkeitswasserwaagen verwendet.

Abb. 28. Bezeichnungsschild für die Empfindlichkeit von Genauigkeitswasserwaagen.

43. Die Empfindlichkeit von Genauigkeitswasserwaagen wird wie folgt definiert und ermittelt: Die zu untersuchende Wasserwaage oder Libelle wird auf eine Fläche von 1 m Länge gesetzt, die genau waagerecht ausgerichtet ist. In dieser Stellung muß die Libelle die Nullage anzeigen, d. h. die Blase muß zwischen zwei sich entsprechenden Teilstrichen liegen. Alsdann wird die Ebene mittels einer Einstellvorrichtung einseitig so lange gesenkt, bis sich die Blase um einen Teilstrich verschoben hat. Die Größe der Senkung an der Einstellvorrichtung in $^1/_{100}$ mm ergibt zahlenmäßig die Empfindlichkeit der Wasserwaage.

Nach der Höhe der Empfindlichkeit werden verschiedene Klassen von Genauigkeitswasserwaagen unterschieden (s. Tab. 12, S. 34).

Bei Wasserwaagen, die neben der Hauptlibelle noch eine kleine Querlibelle haben, besonders also bei Rahmenwasserwaagen, hat die Querlibelle meist eine Durchschnittsempfindlichkeit nach Klasse III, also 0,6 bis 0,8 mm/m, ohne daß dies auf dem Empfindlichkeitsschild besonders vermerkt ist (aus technischen Gründen können solche kleinen Libellen nur sehr schwer mit höherer Empfindlichkeit hergestellt werden). Deshalb dürfen die Querlibellen von Wasserwaagen auch nur zum ungefähren Ausrichten verwendet werden.

---

[1] In der Zeitschrift Werkst.-Techn. 1942 S. 204 wird ein „Neigungsmeßgerät" (Hahn & Kolb, Stuttgart) beschrieben, das wie eine Wasserwaage, außerdem aber auch zum Messen von Winkeln zu benutzen ist, die von der Waagerechten abweichen.

Tabelle 12. *Richtlinien nach DIN 877 für die Empfindlichkeit von Wasserwaagen.*

Klasse	Empfindlichkeitsgrad	1 Skalenteilausschlag = mm/m	Ebenheit der Meßflächen nach
I	Wasserwaagen für besondere Anforderungen	a) 0,05 bis 0,1 b) 0,15 bis 0,2	DIN 876 Genauigkeit I
II	Gewöhnliche Wasserwaagen für Maschinenbau	0,3 bis 0,4	DIN 876 Genauigkeit II
III	Kurze Wasserwaagen und Querlibellen	0,6 bis 0,8	DIN 876 Genauigkeit III
IV	Sehr kurze Querlibellen	1,2 bis 1,6	

Anmerkung: Besonders empfindliche Wasserwaagen mit 1 Skalenteil-Ausschlag = 0,02 bis 0,05 mm/m sind nicht genormt.

44. Allgemeine Forderungen. Gute Wasserwaagen müssen nachstehende Forderungen erfüllen:

Werkstoff: Körper: Dichtes, porenfreies, hartes Gußeisen.

Libellen: Blasenfreies, starkwandiges Glas mit chemisch reinem Schwefeläther gefüllt. Spiritusfüllung ist nicht zulässig, da Blase nicht beweglich genug.

Ausführung: Querschnitte: Den Längen entsprechend genügend stark, damit Verziehen oder Durchbiegen mit Sicherheit vermieden wird.

Libellen: Innen bogenförmig ausgeschliffen und fest im Körper vergossen. Teilstriche auf der Libelle müssen zum besseren Erkennen farbig ausgelegt sein. Kleinster Abstand zweier benachbarter Teilstriche ist 2 mm.

Anlageflächen: Genau und dicht geschabt oder sauber geschliffen.

Alle Wasserwaagen müssen sauber lackiert sein.

Genauigkeit: Empfindlichkeit der Libelle: Die Empfindlichkeit der Libellen muß auf einem aufgeschraubten Schild verzeichnet sein. Bei richtiger waagerechter Lage der Wasserwaage darf die Blase vom Nullpunkt höchstens $\pm \frac{1}{10}$ des Abstandes zweier benachbarter Teilstriche abweichen. Bei Prüfung durch Umlegen darf also der Unterschied der Blasenstellungen den Betrag von $\frac{2}{10}$ des Abtsandes zweier benachbarter Teilstriche nicht überschreiten.

Ebenheit der Anlageflächen: Nach DIN 876.

Winkelgenauigkeit bei Rahmenwasserwaagen: Der Libellenausschlag darf beim Anlegen an alle vier Seiten höchstens um $\frac{1}{2}$ Teilstrich verschieden sein.

45. Die Prüfung der Empfindlichkeit von Wasserwaagen ist mit Vorrichtungen wie Abb. 29 leicht ausführbar. Sie haben eine Auflage von meist nur $\frac{1}{2}$ m Länge; dafür aber hat die Einstellvorrichtung bei a eine doppelt feine Teilung, so daß ein Teilstrich einer Neigung von $\frac{1}{100}$ mm auf 1 m Länge entspricht. Selbstverständlich ist eine vollkommen feste, schwingungsfreie und sichere Aufstellung der Vorrichtung für ein einwandfreies Arbeiten unbedingt

Abb. 29. Vorrichtung zum Prüfen der Empfindlichkeit von Wasserwaagen. a = Einstellung

notwendig. Zum Prüfen von Prismenflächen an Wasserwaagen bedient man sich eines genau rund geschliffenen Zylinders, der eine zu seiner Achse parallele Auflagefläche hat und auf die Prüfvorrichtung gelegt wird. Die zu untersuchende Wasserwaage kann dann auf die Zylinderfläche gesetzt werden. Gerade der Prüfung solcher Prismenflächen ist besondere Aufmerksamkeit zu widmen.

Erfahrungsgemäß kommt es manchmal vor, daß sie nicht genau parallel und rechtwinklig zu den übrigen Flächen liegen.

46. Aufarbeitung und Behandlung. Die Aufarbeitung von Wasserwaagen wird sich meist auf ein Nacharbeiten der Auflageflächen durch Nachschaben beschränken. Ein Erneuern zerbrochener Libellen ist schwierig und sollte deshalb den Herstellern überlassen bleiben.

Alle Genauigkeitswasserwaagen müssen vorsichtig behandelt werden. Insbesondere sind sie vor unmittelbarer Sonnenbestrahlung und anderen stärkeren Wärmeeinflüssen zu schützen, da sie sich sonst sehr leicht verziehen und die Libellenrohre sogar platzen können. Für die Aufbewahrung und Beförderung eignen sich am besten starke, dichtschließende Holzkästen.

47. Hölzerne Wasserwaagen (DIN 7292) werden besonders für Maurerarbeiten benutzt. Sie erfüllen natürlich wesentlich geringere Ansprüche. Nachstehend die wichtigsten Güteforderungen hierfür:

Werkstoff: Gut trockenes, astfreies und geöltes Eichen- oder Teakholz.

Ausführung: Die Libellen müssen staubdicht gekapselt und die Begrenzungsstriche für die Blase farbig ausgelegt sein.

Genauigkeit: Empfindlichkeit der Libelle = Klasse III nach DIN 877: Beim Prüfen auf Umschlag darf eine Blasenstellung von der anderen höchstens 1 mm abweichen.

Für die Prüfung der hölzernen Wasserwaagen kann auch die oben beschriebene Wasserwaagenprüfvorrichtung verwendet werden.

B. Gewindemeßgeräte.

Da Gewinde einwandfrei nur mittels Gewindegrenzlehren geprüft werden können, sollen hier auch nur diese kurz behandelt werden[1]. Sie haben ebenso wie die Grenzlehren für Rundpassungen eine Gut- und eine Ausschußseite und sind im Grunde genommen eigentlich eine Erweiterung der früher allein benutzten Normalgewindelehren, indem durch sie auch das Ausschußmaß festgelegt wird.

48. Gewindegrenzlehren für die Mutternprüfung. Der Gutgewindelehrdorn (Abb. 30 links) prüft den Gutzustand; er ist im Kern freigearbeitet und prüft deshalb den Kerndurchmesser des Gewindes, der von untergeordneter Bedeutung ist, nicht mit. Das übrige Gewindeprofil ist voll ausgearbeitet. Der Gutgewindelehrdorn muß sich in eine brauchbare Mutter voll einschrauben lassen, dann ist Gewißheit vorhanden, daß das theoretische Profilkleinstmaß der Mutter

Abb. 30.
Gewindegrenzlehrdorn. (Carl Mahr, Eßlingen.)

nicht unterschritten ist. Da das *Kleinstmaß* für alle drei Gütegrade (Abschn. 30) gleich ist, genügt ein Dorn für „Fein"-, „Mittel"- und „Grob"-Gewinde. Der Ausschußgewindelehrdorn (Abb. 30 rechts) prüft nur den Flankendurchmesser, da Steigung und Gewindewinkel bereits bei der Gutprüfung untersucht sind. Sein Flankenmaß entspricht dem *Größtmaß* der betreffenden Gewindepassung, deshalb darf er sich nicht voll in das Gewinde einschrauben lassen, sondern nur anschnäbeln. Er besitzt deshalb auch nur etwa zwei Gänge. Für jeden der drei verschiedenen Gütegrade ist ein *besonderer* Ausschußdorn nötig.

Gut- und Ausschußseite können in einem Handgriff vereinigt werden (Abb. 30). Diese Ausführungsart wird oft vorgezogen, weil sie etwas handlicher ist.

---

[1] Vgl. Werkstattbuch Heft 65 „Messen und Prüfen von Gewinden"; dort auch ausführliche Behandlung der hier erwähnten Geräte.

49. Gewindegrenzlehren für die Bolzenprüfung. Der *Gutzustand* kann mit einem Gutgewindelehrring (Abb. 31) geprüft werden, der bis auf den freigearbeiteten Gewindeaußendurchmesser volles Profil mit dem *Größtmaß* des Gewindes besitzt und sich auf das zu prüfende Gewinde aufschrauben lassen muß. Den *Ausschußzustand* prüft eine einstellbare Flankenrachenlehre (Abb. 32) mit Kugelmeßflächen oder Kegel und Kimme, die auf das *Kleinstmaß* der vorliegenden Gewindepassung eingestellt ist. Entsprechend der Mutternprüfung genügt für die drei Gütegrade der Gewindepassungen eines Gewindedurchmessers *ein* Gutgewindelehrring, dagegen sind *drei* Flankenrachenlehren als Ausschußlehren für „gut", „mittel" und „grob" nötig.

Abb. 31.
Gutgewindelehrring.

Abb. 32. Flankenrachenlehre mit Kegel und Kimme.

Die Prüfung von Bolzengewinden mittels Ringlehren ist ziemlich zeitraubend, außerdem sind die Lehrringe einer recht hohen Abnutzung unterworfen, die nicht durch Nachstellung ausgeglichen werden kann. Deshalb wurden von verschiedenen Seiten Grenzrachenlehren für die Bolzenprüfung entworfen, die die gesamte Prüfung des Bolzens in einem Arbeitsgang vereinigen. Von den vorhandenen Arten soll an dieser Stelle nur die am weitesten verbreitete, die Gewindegrenzrollenrachenlehre (Aggra-Lehre, Abb. 33), erwähnt werden. Sie besitzt

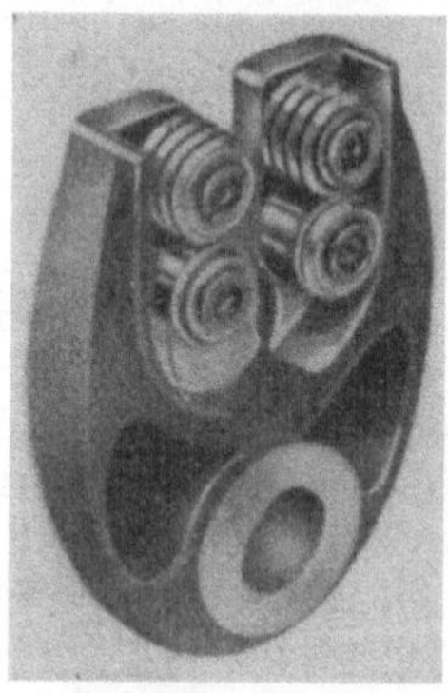

Abb. 33.
Gewindegrenzrachenlehre
(Aggra-Lehre). Ausführungsform zum Messen
von Gewinden bis an
einen Kopf oder Flansch.

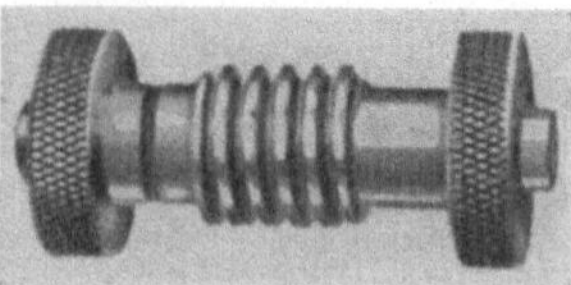

Abb. 34.
Einstellgewindelehre zur
Flankenausschußrachenlehre.

Abb. 35. Einstellstück für
Gewindegrenzrachenlehre.
(Carl Mahr, Eßlingen.)

in einem Rachen vereint zwei gerillte drehbare Rollenpaare. Die vorderen, zur Gutprüfung bestimmten, haben volles Profil über die ganze Prüflänge, die hinteren zur Ausschußprüfung nur zwei Gänge und freigearbeitete Flanken. Die Rollen sind nicht nur drehbar, sondern auch seitlich verschiebbar, so daß sie sich entsprechend der Steigung einstellen. Die Abnutzung soll sich auf den ganzen Umfang der Rollen verteilen; sie kann durch Verstellen der exzentrischen Rollenlagerung ausgeglichen werden. Für ein einwandfreies Arbeiten müssen sich die Rollen immer leicht auf den Achsen bewegen. Hierzu ist peinliche Sauberhaltung notwendig, denn bei Verwendung harzender und klebender Schneidöle und bei Verarbeitung sehr fein spanender Werkstoffe (Messing, Leichtmetalle) können die Rollen leicht hängen bleiben. Auch durch Ungenauigkeiten kann das freie Drehen gehemmt werden. Bei geringem Schlag der Rollen z. B., der entweder schon bei der Herstellung vorhanden war oder durch Abnutzung eingetreten ist, drehen sich die Rollen nicht mehr bei jeder Messung, sondern sie bleiben an der Stelle,

die dem größten einzuführenden Durchmesser entspricht, stehen. Hierdurch tritt
Abnutzung nur an diesen Stellen ein und der Fehler wird immer größer. Auf
größtmögliche *Schlagfreiheit* der Rollen ist deshalb bei der Prüfung von Rollen-
rachenlehren ganz besonders zu achten. Mehr als 0,005 mm Schlag darf nicht
vorhanden sein.

50. Prüfung und Einstellung der Gewindegrenzlehren. Zum Prüfen des Gut-
gewindelehrringes dient ein Paßdorn wie Abb. 30 links, der sich in den Ring
hineinschrauben lassen muß, und ein um das Maß der zulässigen Abnutzung
größerer Abnutzungsprüfer, der, wenn er sich einführen läßt, anzeigt, daß der
Ring Ausschuß geworden ist. Flankenrachenlehren für die Ausschußprüfung
werden mittels Ausschußeinstellgewindelehren (Abb. 34) eingestellt und geprüft.
Ähnlich sind auch die Einstellehren für Gewindegrenzrachenlehren ausgeführt;
sie haben entsprechend der hier
vorhandenen zwei Rachenmaße
auch zwei Gewindestücke (Abbildung 35).

Alle Gewindelehren sind einer
ziemlich großen *Abnutzung* unterworfen; ganz besonders trifft dies
beim Messen von Gußteilen und
von Teilen aus Leichtmetall zu.
Hierbei kann es z. B. unter noch
nicht einmal allzu ungünstigen
Verhältnissen vorkommen, daß
die gesamte zur Verfügung ste-
hende Abnutzungstoleranz schon
nach etwa 1000 Einzelmessungen
verbraucht ist, während man bei
Messing- und Stahlteilen mit
einer durchschnittlichen Lebensdauer von 5000···10000 Mes-

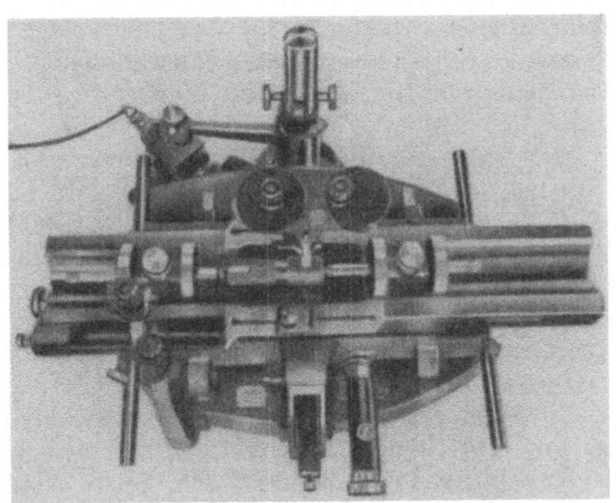

Abb. 36. Universalmeßmikroskop. (Carl Zeiß, Jena.)

sungen rechnen kann. Es ist deshalb notwendig, die im Betrieb vorhandenen
Gewindelehren dauernd unter Kontrolle zu halten. Die für Ring- und Rachenlehren notwendigen Prüfmittel sind bereits erwähnt. Sie müssen für jedes
Gewinde, für das Lehren im Betrieb vorhanden sind, in der Prüfstelle vorliegen und genügen für deren Prüfung. Sie selbst und ganz besonders aber die
im Betrieb befindlichen Gewindelehrdorne müssen ebenfalls laufend nachgeprüft
werden. Dies kann mit voller Sicherheit nur auf einem *Universalmeßmikroskop* mit Schneidenmessung (Abb. 36) vorgenommen werden, weil nur hierbei
eine von den einzelnen Faktoren unabhängige Einzelmessung möglich ist und das
Profilbild genau betrachtet werden kann. Neue Lehrdorne können, wenn durch
die Art der Herstellung (Schliff auf Gewindeschleifmaschinen mit tadellos abge-
zogener Schleifscheibe ohne nennenswerte Nacharbeit durch Läppen) Gewähr für
Einhaltung des Flankenwinkels und der Steigung gegeben ist, auch mittels der
weniger zeitraubenden Prüfarten, z. B. Flankenmikrometer, Dreidrahtmeßver-
fahren oder Projektionskomparator, untersucht werden. Für gebrauchte und
damit abgenutzte Lehren erhält man aber hierbei vielfach Fehlergebnisse, weil
z. B. beim Flankendurchmesser infolge verformter Flanken die Meßspitzen von
Kegel und Kimme im Gewindegrunde aufsitzen oder beim Dreidrahtverfahren
die Drähte zu tief in die Gänge eindringen können.

Wie wichtig die laufende Prüfung der im Gebrauch befindlichen Gewindelehren ist, hat sich an dem Ergebnis einer vor einiger Zeit in mehreren Betrieben durchgeführten Kontrolle gezeigt, nach der im Durchschnitt 50···60% der vorhandenen Gewindelehren zu stark abgenutzt waren und ' deshalb außerhalb der zulässigen Maßgrenzen lagen. Es wurden hierbei Überschreitungen bis zu einem Vielfachen der zulässigen Werte festgestellt. Daß mit solchen Lehren keine einwandfreie Fertigung mehr möglich ist, dürfte ohne weiteres einleuchten.

C. Aufarbeiten von Meßgeräten.

51. Schublehre, 300 mm Meßbereich   Neupreis DM   12,50
Gebrauchsdauer bis zur Überholung: etwa 2 Jahre, entsprechend
48 000 Messungen = 10 je Stunde.
Erforderliche Arbeitszeit für das Überholen: 90 Minuten
Einmalige Überholungskosten einschließlich 100% Zuschlag: DM   8,75
Anzahl der möglichen Überholungen: 1···2
Gesamtlebensdauer: 4···6 Jahre
Art der Überholungsarbeiten: Abnieten des festen Schenkels. Nachschleifen der Meßflächen beider Schenkel. Säubern und Abrichten aller Einzelteile. Nachspannen bzw. Ersetzen der Schieberfeder. Wiederannieten und Justieren des festen Schenkels, so daß bei zusammenliegenden Meßflächen der Skalastrich genau auf 0 zeigt. Hierauf Nacharbeiten der Schenkelenden für Lochmessungen auf je 4 mm Stärke und Eingravieren der Zahl 4 auf jedem Ende. Bei der zweiten Überholung entfernt man gegebenenfalls diese Ansätze.

Das Prüfen der fertigen Arbeit nimmt 5···6 Minuten je Lehre in Anspruch.

Zuweilen wendet man auch ein etwas anderes Aufarbeitungsverfahren an, wobei der alte Nonius abgeschliffen und nach dem Neuzusammenpassen der beiden nachgeschliffenen Meßflächen ein neuer Nonius eingearbeitet wird. Diese Art ergibt meist höhere Kosten bei nicht höherer Genauigkeit und ist deshalb nicht empfehlenswert. Sie ist aber notwendig bei Schublehren, deren fester Schenkel mit der Schiene aus einem Stück besteht.

Zu bemerken ist noch, daß Schublehren zu den Gegenständen gehören, die besser in Sonderwerkstätten aufzuarbeiten sind, weil es hier billiger ist. Der obengenannte Überholungspreis von DM 8,75 steht in keinem rechten Verhältnis zum Neupreis von DM 12,50. Bei Aufarbeitungen in Sonderwerkstätten (beim Lieferanten) kann man mit etwa der Hälfte des Neupreises als Aufarbeitungspreis rechnen.

52. Schraublehre, 25···50 mm Meßbereich   Neupreis DM 56,—
Gebrauchsdauer bis zur Überholung: etwa 2 Jahre, entsprechend
48 000 Messungen = 10 je Stunde.
Erforderliche Arbeitszeit für das Überholen: 105 Minuten
Einmalige Überholungskosten einschließlich 100% Zuschlag   DM 11,20
Anzahl der möglichen Überholungen: 2
Gesamtlebensdauer: 6 Jahre
Art der Überholungsarbeiten: Auseinandernehmen und Säubern. Falls Gewinde stellenweise stark abgenutzt, nicht nachschneiden! Die Lehre ist dann vielmehr unbrauchbar. Bei Bedarf kann sie vielleicht noch für einen Teil des Meßbereichs verwendet werden. Meßflächen tuschieren. Ölen. Neueinstellen und Justieren der Skala.

Das Prüfen der fertiggestellten Arbeit nimmt etwa 15 Minuten Zeit je Schraublehre in Anspruch.

53. Grenzrachenlehre, 20 mm Rachenweite   Neupreis DM 10,40
Gebrauchsdauer für das Nennmaß: etwa 14 Tage, entsprechend
11 200 Messungen = 100 je Stunde.
Erforderliche Nacharbeitszeit: 120 Minuten
Einmalige Nacharbeitskosten einschließlich 100% Zuschlag   DM 12,70
Anzahl der möglichen Nacharbeiten auf andere Maße: 4 ··· 5
Gesamtlebensdauer: 70 ··· 84 Tage
Art der Nacharbeiten: Nachschleifen und Justieren; Abschleifen des früheren
und Eingravieren des neuen Maßes.

Nach einem anderen, immer noch beliebten Verfahren, das aber nicht empfohlen werden kann, staucht man die meist im Einsatz gehärteten Rachenlehren
zusammen und arbeitet sie dann wieder auf das ursprüngliche Maß auf. Hierbei
kommt es aber vor, daß der gestauchte Körper nach und nach in seine alte Lage
zurückgeht. In solchem Falle war nicht nur die aufgewendete Arbeit umsonst,
sondern es können sehr leicht Fehler in der Fertigung entstehen.

Das Prüfen der fertiggestellten Arbeit nimmt etwa 8 Minuten Zeit je Rachenlehre in Anspruch.

Grenzrachenlehre, 120 mm Rachenweite   Neupreis DM 38,—
Gebrauchsdauer für das Nennmaß: etwa 28 Tage, entsprechend
11 200 Messungen = 50 je Stunde.
Erforderliche Nacharbeitszeit: 160 Minuten
Einmalige Nacharbeitskosten einschließlich 100% Zuschlag: DM 16,—
Anzahl der möglichen Nacharbeiten auf andere Maße: 4 ··· 5
Gesamtlebensdauer: 140 ··· 168 Tage
Art der Nacharbeiten: wie oben.

54. Grenzlehrdorn, 20 mm Durchmesser   Neupreis DM 10,—
Gebrauchsdauer für das Nennmaß: 2 ··· 3 Monate, entsprechend
24 000 ··· 36 000 Messungen = 60 je Stunde.
Erforderliche Nacharbeitszeit: 60 Minuten
Einmalige Nacharbeitskosten einschließlich 100% Zuschlag: DM 5,80
Anzahl der möglichen Nachschliffe auf kleinere Durchmesser: etwa
5 ··· 6 (weil durchgehärtet)
Gesamtlebensdauer: etwa 1 Jahr
Art der Nacharbeiten: Nachschleifen und Polieren: Abschleifen des früheren
und Eingravieren des neuen Maßes.

Das Prüfen der fertiggestellten Arbeit nimmt etwa 5 Minuten Zeit je Lehrdorn
in Anspruch.

Grenzlehrdorn, 100 mm Durchmesser   Neupreis DM 40,—
Gebrauchsdauer für das Nennmaß: rd. 6 Monate, entsprechend
24 000 Messungen = 20 je Stunde.
Erforderliche Nacharbeitszeit: 90 Minuten
Einmalige Nacharbeitskosten einschließlich 100% Zuschlag: DM 8,70
Anzahl der möglichen Abschliffe auf kleinere Durchmesser ohne Nachhärten (Einsatzhärte): 2 ··· 3
Gesamtlebensdauer: etwa 1 ··· $1^1/_2$ Jahr
Art der Nacharbeiten: Nachschleifen und Polieren; Abschleifen des früheren
und Eingravieren des neuen Maßes. Vor dem dritten Nachschliff gegebenenfalls
erst nachhärten.

Das Prüfen der fertiggestellten Arbeit nimmt etwa 8 Minuten Zeit je Lehrdorn in Anspruch.

III. Handwerkzeuge und sonstige Betriebshilfsmittel.

A. Feilen[1].

Obwohl die Feilen durch die immer weitergehende Maschinenarbeit sehr viel von ihrer früheren Bedeutung verloren haben, gehören sie doch noch zu den wichtigsten Werkzeugen, die in jedem Betrieb benötigt werden. Trotz dieser allgemeinen Verbreitung wird oft übersehen, daß durch geeignete Auswahl und pflegliche Behandlung auch hierbei erhebliche Ersparnisse zu erzielen sind.

55. Klasseneinteilung der Feilen. Man unterscheidet Gewichtsfeilen, Dutzendfeilen, Präzisionsfeilen und Sonderfeilen. Gewichtsfeilen sind die größten Feilen, sie werden so genannt, weil sie nach Gewicht, nicht nach Stück gehandelt werden, und dienen hauptsächlich für grobe Schrupparbeiten; sie haben viel von ihrer früheren Bedeutung verloren und werden nur noch in geringem Umfang verwendet. Abmessungen und Formen sind weitgehend genormt. Tabelle 13 gibt einen Überblick über diese Normenblätter. Dutzendfeilen sind die am meisten

Tabelle 13. *Übersicht über Normenblätter für Feilen.*

Flachstumpf-Feilen und Raspeln	DIN 8331	Gefräste Feilen	. . . . . .	DIN 8343—46
Flachstumpf-Schärffeilen	„ 8332	Barett-Feilen	. . . .	„ 8347
Flachspitz-Feilen	„ 8333	Hufraspeln, Schuhmacher-raspeln	. . . .	„ 8348
Halbrund-Feilen und -Raspeln .	„ 8334	Hiebtafel	. . . .	„ 8349
Dreikant-Feilen	„ 8335	Flachspitz-Raspeln	. . . .	„ 5192
Dreikant-Schärffeilen	„ 8336	Gefräste Flachstumpf-Bezugfeilen	. . . .	„ 5197
Vierkant-Feilen	„ 8337	Gefräste Halbrund-Bezugfeilen	. . . .	„ 5198
Rund-Feilen und -Raspeln . . .	„ 8338			
Messer-Feilen	„ 8339	Schienenhobelblatt	. . . .	„ 5199
Schwert-Feilen	„ 8340	Feilen-Techn. Liefer-bedingungen	. . . .	„ 7284
Vogelzungen-Feilen	„ 8341			
Nadel-Feilen	„ 8342			

verwendeten Feilen. Präzisionsfeilen sind den Dutzendfeilen äußerlich ziemlich gleich; sie sind aber in der Form besser und genauer ausgearbeitet und der Hieb ist sauberer. Ihre Verwendung finden sie im Werkzeugbau, in Waffenwerkstätten usw. Zu den Sonderfeilen gehören Härteprobierfeilen (Diamantfeilen), Sägefeilen, Ankernutenfeilen usw.

56. Äußeres und Hieb. Die Farbe des gehauenen Teiles muß grau sein ohne blanke Stellen, die meist von zu hoher Körperhärte beim Hauen herrühren. Der Hieb soll gleichmäßig und an den Spitzen der Zähne soll ein möglichst scharfer Grat, der sogenannte „Fliem", aufgeworfen sein. Dieser allein gibt der Feile die eigentliche Schärfe. Zum vergleichenden Betrachten des Hiebes eignet sich am besten ein binokulares Mikroskop (Abb. 12, S. 16). Die Schärfe wird mit dem Daumennagel oder einem Knochen geprüft. Beim leichten Überstreichen gegen den Hieb muß ein fühlbares „Kleben" zu spüren sein. Je mehr „Fliem" vorhanden ist, desto schärfer ist die Feile.

57. Härte. Sie soll so hoch wie möglich und an allen Stellen gleichmäßig sein, Wenn beim Gebrauch einzelne Zahnfelder ausbrechen, so ist dies fast immer eine Folge von Mißhandlungen, nicht von zu hoher Härte. Meist wurde über zu scharfe Kanten (Blechbearbeitung, harter Guß) gefeilt. Die weiter möglichen Ursachen für das Ausbrechen ganzer Zahnfelder, und zwar zu tief gehauener Unterhieb (hierdurch zu schwacher Zahnunterbau) oder verbranntes Gefüge, kommen bei

---

[1] Vgl. auch Werkstattbuch Heft 46 „Feilen".

ersten Firmen äußerst selten vor. Zu tief gehauener Unterhieb ist im binokularen Mikroskop deutlich zu sehen; verbrannten Stahl erkennt man an seiner grob kristallinen Oberfläche. Zur Prüfung der Härte verwendet man sogenannte Probierstähle, d. s. flache Stahlstücke mit Rockwellhärten von C 60 bis C 62, mit denen man von Hand mit mäßigem Druck quer zum Oberhieb der in der linken Hand gehaltenen Feile streicht. Es muß hierbei ein deutliches „Kleben" eintreten. Die Zahnspitzen sollen bei dieser Prüfung eher abbröckeln als sich umlegen (binokulares Mikroskop). Es ist vor allem an der Spitze der Feile zu prüfen, da hier die meisten Fehler vorkommen. Fehlen Härteprobierstähle, kann zur Not auch ein gut hartes Taschenmesser oder ein Stück eines ganz gehärteten Maschinensägeblattes benutzt werden.

58. Pflege. In den Werkzeugkästen dürfen die Feilen nicht regellos durcheinander gelegt werden, da hierdurch der „Fliem" abbröckelt und die Feilen stumpf werden. Auf gutes Ausbürsten nach Gebrauch mittels Feilenbürsten ist zu achten, insbesondere wenn weiche Werkstoffe, wie Isolierstoffe, Leichtmetalle, bearbeitet werden. Wenn sich die hierbei entstandenen Feilspäne im Grunde der Zähne festsetzen, werden die Feilen unbrauchbar. Das Ausbürsten der Feilen darf aber nur in der Richtung des Oberhiebes geschehen, da sonst eine Stumpfung eintritt. Stark verschmutzte Feilen, die sonst noch scharf sind, können durch Auskochen in Sodawasser mit nachträglichem Eintauchen in eine verdünnte Säure und anschließendem kräftigem Bürsten wieder brauchbar gemacht werden.

59. Aufarbeiten stumpfer Feilen. Stumpfe Feilen sollen nur durch Aufhauen instand gesetzt werden. Dies geschieht durch Glühen, Abschleifen des alten Hiebes, Neuhauen und Wiederhärten. Aufhauen lohnt sich bei Feilen von über 125 bis 150 mm Länge (Abb. 37). Es treten etwa nachstehende Gewichtsverluste beim Aufhauen ein: 7···8% bei großen Gewichtsfeilen, 9···12% bei großen Dutzendfeilen und 9···18% bei mittleren Feilen. Mittlere Feilen können etwa 5···6mal, kleinere 2···3mal aufgehauen werden. Das viel angebotene Ätzverfahren für die Feilenaufarbeitung (mit oder ohne Strom) kann einen stumpfen Feilenzahn nie wieder scharf machen. Die Feilen werden hierdurch nur gesäubert und die Zähne etwas aufgerauht (Abb. 38). Hierdurch entsteht der Eindruck einer gewissen Schärfe beim ersten Gebrauch, die aber bald wieder nachläßt. Abgebrochene Zähne werden durch die Säure noch stärker angegriffen und treten dadurch aus der gesamten Zahnfläche zurück, wodurch die stehenbleibenden Zähne beim Feilen noch stärker beansprucht werden. Selbstverständlich werden stark verschmutzte Feilenzähne beim Ätzen einwandfrei gesäubert, eine Säuberung ist aber viel leichter zu erreichen durch Auskochen der Feilen in Sodawasser (Abschn. 58).

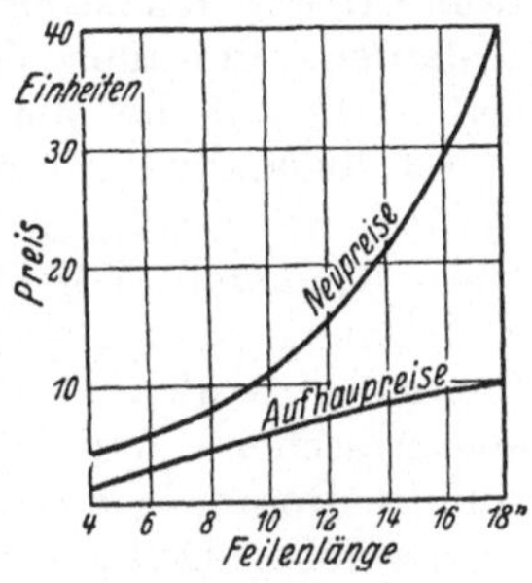

Abb. 37.
Vergleich der Aufhaupreise mit den Neupreisen.

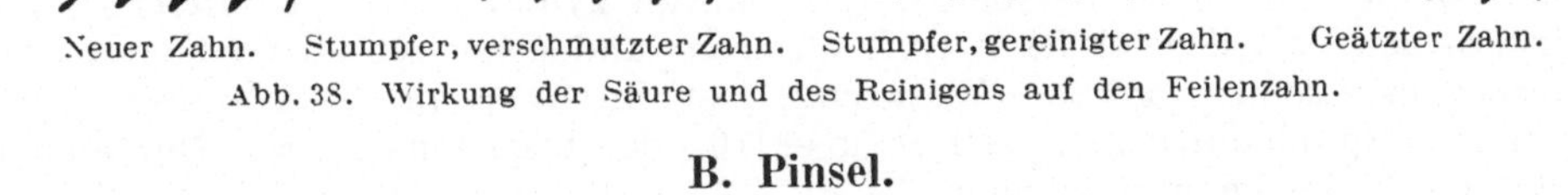

1 — Neuer Zahn.   2 — Stumpfer, verschmutzter Zahn.   3 — Stumpfer, gereinigter Zahn.   4 — Geätzter Zahn.

Abb. 38. Wirkung der Säure und des Reinigens auf den Feilenzahn.

B. Pinsel.

60. Arten der Pinsel. Man unterscheidet nach der Art des verwendeten Rohstoffes Haarpinsel und Borstenpinsel. Für Haarpinsel verwendet man hauptsächlich Rotmarderhaar, Fehhaar, Bärenhaar, Rindshaar und Ziegenhaar. Rotmarderhaar ist am wertvollsten, aber auch am teuersten und wird deshalb nur für die allerbesten Schriftpinsel gebraucht. Borstenpinsel bestehen aus Schweinsborsten verschiedener Herkunft; als preismindernde Beimischung dient das billigere Roßhaar oder Kunsthaar.

61. Auswahl. Erfahrungsgemäß werden Pinsel in der Industrie nicht mit derselben Sorgfalt gebraucht wie von rein handwerklichen Anstreichern. Deshalb ist es nicht zweckmäßig, für industrielle Betriebe die allerbesten Gütegrade mit besonders langen Borsten oder besonders wertvollem Haar, die nur unnötig teuer sind, zu beschaffen. Die gewöhnlichen sogenannten Industriepinsel genügen durchaus. Sehr langborstige Pinsel sind nur dann zweckmäßig, wenn sie immer wieder ordnungsgemäß abgebunden werden, was in der Industrie doch nicht der Fall ist.

62. Prüfung. Eine einwandfreie Prüfung der verwendeten Haar- bzw. Borstensorten ist für den Nichtfachmann sehr schwierig. Deshalb gebraucht man für die Prüfung zweckmäßig einen Standardsatz und vergleicht mit diesem durch Gefühl und Augenschein. Eine einfache Probe für Schriftpinsel (Haarpinsel) ist das Anfeuchten der Haare mit Speichel oder Wasser. Je wertvoller das Haar ist, desto feiner ist die Spitze, die entsteht, wenn man den Pinsel durch die Fingerspitzen zieht. Die Weichheit der Haare kann man durch Aufstauchen und Überstreichen über den Handrücken prüfen. Bei Borstenpinseln ist vor allem die Borstenlänge von Bedeutung. Ein langborstiger Pinsel mit Roßhaarbeimischung ist wertvoller als ein kurzborstiger ohne Roßhaar. Man unterscheidet die Borsten nach Kamm- oder Rückenborsten und Seitenborsten. Erstere sind am längsten und steifsten. Borsten kann man von Roßhaar mittels einer Lupe unterscheiden. Roßhaar und Kunstborste ist meist stumpf abgeschnitten, während Borsten spitz auslaufen. Bei allen Vergleichsproben ist besonderes Augenmerk auf die Fülligkeit, d. h. auf die Menge der verwendeten Haare oder Borsten zu richten.

63. Behandlung. Beim Einlagern müssen neue Pinsel vor Mottenfraß geschützt werden, wozu sich am besten Naphthalin, in großen Mengen zwischen die Pinsel gestreut, eignet. Vor Gebrauch sind neue Pinsel gut auszustauben, wobei auf die Entfernung loser Borsten und Haare zu achten ist. Nach Gebrauch sind die Pinsel auf sauberem Papier gut auszustreichen und dann in Terpentinölersatz auszuwaschen. Zur Aufbewahrung eignen sich am besten mit Terpentinölersatz gefüllte Dosen, in die die Pinsel einzuhängen sind. Stellt man sie auf den Boden einer solchen Dose, so leiden die Borsten hierunter. Der Fadenverband muß von der Flüssigkeit bedeckt sein. Infolge falscher Aufbewahrung hart gewordene Pinsel werden in einem der üblichen Lacklösungsmittel aufgeweicht; anschließend sind sie in Terpentinölersatz gut auszuwaschen. Pinsel, die für Kalk- oder Wasserglasfarben benutzt wurden, müssen nach jedem Gebrauch sofort in kaltem Wasser ausgewaschen werden, da die Farbreste sonst die Borsten zerfressen.

C. Aufnahmekegel.

Die Aufnahme von Werkzeugen mittels Kegel ist außerordentlich weit verbreitet. Sie hat gegenüber der Aufnahme von zylindrischen Schäften in Bohrfuttern den Vorteil einer besseren Zentrierung und sichereren Mitnahme. Deshalb werden insbesondere größere Werkzeuge fast durchweg mit Kegelaufnahme ausgeführt. Spiralbohrer z. B. sollten über 10 oder höchstens 15 mm Durchmesser *nur* mit Kegel benutzt werden.

64. Kegelarten. Für die im Rahmen dieses Heftes behandelten Werkzeuge kommen fast ausschließlich die bekannten Morsekegel in Frage. Als Fortsetzung nach unten und oben werden außerdem noch metrische Kegel verwendet. Daneben werden für schwere Werkzeugaufnahmen (Messerköpfe) noch Steilkegel-Isakegel verwendet (Grundsätzliche Übersicht hierüber DIN E 2080). Nachstehend eine Aufstellung der für Werkzeugkegel gültigen DIN-Normen.

DIN 228 Werkzeugkegel, Schaft und Hülse, Konstruktionsblatt.
DIN 229 Morsekegellehren, Dorn und Hülse, kurze Ausführung ohne Lappen.
DIN 230 Morsekegellehren, Dorn und Hülse, Kurze Ausführung mit Lappen.
DIN 231 Morsekegel, Schaft und Hülse.
DIN 232 Übergang vom Werkzeugkegel zum stärkeren Schaft, Richtlinien.
DIN 233 Metrische Kegel, Schaft und Hülse.
DIN 234 Metrische Kegellehren, Dorn und Hülse, kurze Ausführung ohne Lappen.
DIN 235 Metrische Kegellehren, Dorn und Hülse, mit Lappen.
DIN 238 Bohrfutterkegel.
DIN 254 Kegel.
DIN 317 Austreiber für Werkzeugkegel nach DIN 228.
DIN 324 Morsekegellehren, Hülse, lange Ausführung, ohne Lappen.
DIN 325 Metrische Kegellehren, Hülse, lange Ausführung, ohne Lappen.
DIN 2221 Lehrdorne für Bohrfutterkegel nach DIN 238.
DIN 2222 Lehrringe für Bohrfutterkegel nach DIN 238.

65. Prüfung der Kegel. Die guten Zentrier- und Mitnahmeeigenschaften eines Kegels können natürlich nur dann zur vollen Geltung kommen, wenn er sorgfältig und genau hergestellt ist und pfleglich behandelt wird. Stempelungen auf dem Kegelmantel sollten vermieden werden, weil sich immer wieder Schmutz in sie hineinsetzt, der zu schlechtem Tragen führt. Sind trotzdem Stempelungen vorhanden, so ist darauf zu achten, daß die Kegel nach dem Stempeln nochmals überschliffen wurden, damit die unvermeidlichen Aufwerfungen beseitigt sind.

Wenn nicht der ganze Kegel gehärtet ist, dann sollte zumindest der Mitnehmerlappen gut hart sein, da er sonst beim Austreiben aus der Maschinenaufnahme zu stark angestaucht wird.

Zum Prüfen der Maßhaltigkeit von Kegeln bedient man sich vorteilhaft der genormten Kegellehren. Gutes Tragen auf der ganzen Länge stellt man fest, indem man mittels Blei- oder Tintenstift einen Strich auf den Kegelmantel aufträgt. Beim Einreiben in die Hülse muß der Strich auf der ganzen Länge angegriffen werden. Kreidestriche sind zur Prüfung weniger geeignet, weil der Auftrag zu dick ist und deshalb fast immer auf ganzer Länge angegriffen wird, auch wenn die Steigung des Kegels nicht stimmt.

Abb. 39. Kegelmeßgerät. (Fr. Werner AG., Berlin.)

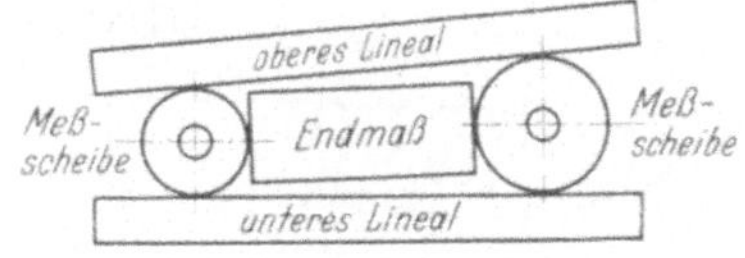

Abb. 40. Einstellung des Kegelmeßgerätes.

An Stelle von genormten Kegellehren kann man zur Kegelprüfung auch die Kegelmeßvorrichtungen benutzen, die im Handel in den verschiedensten Ausführungen erhältlich sind (z. B. Abb. 39). Bei dieser wird der zu messende Kegel zwischen 2 Lineale gelegt, von denen das untere fest ist, während das obere mittels Endmaßen und Meßscheiben gemäß Abb. 40 eingestellt wird. Man kann entweder das obere Lineal auf das Werkstück auflegen und nachher mit Endmaßen und Meßscheiben die Steigung feststellen, oder dieses Lineal schon vorher mittels der genannten Hilfsmittel oder eines Normaldornes auf eine bestimmte Steigung einstellen und dann durch Beobachtung des Lichtspaltes zwischen Lineal und eingelegtem Werkstück feststellen, ob beide Steigungen übereinstimmen. Den Apparaten werden von den Herstellern eingehende Tabellen beigegeben, aus denen die Durchmessermaße der Meßscheiben und Längen der Endmaße für die genormten Kegel ohne Rechnung abgelesen werden können. Die Maße für sonstige Kegel können leicht aus einfachen Gleichungen ermittelt werden.

Einen neuartigen Ersatz für die üblichen festen Kegellehren mit Dorn und Hülse zeigen die Abbildungen 41 u. 42 für Innen- und Außenkegelmessung. Sie sind mit zwei festen Leisten und einer dritten beweglichen ausgestattet, die als

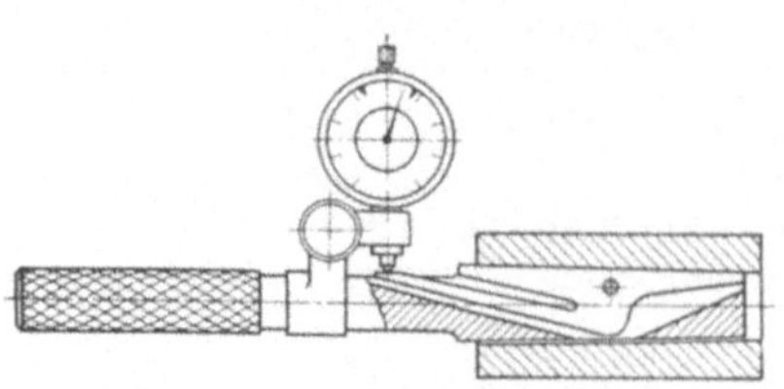

Abb. 41. Innenkegel-Meßlehre.
(Hahn & Kolb, Stuttgart.)

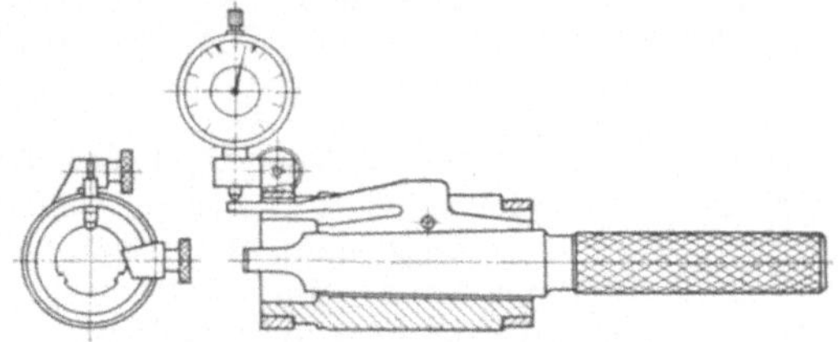

Abb. 42. Außenkegel-Meßlehre.
(Hahn & Kolb, Stuttgart.)

zweischenkliger Fühlhebel ausgebildet ist. Ein Schenkel dieses Fühlhebels steht in Verbindung mit einer Meßuhr. Für die Prüfung werden die Lehren mit Hilfe eines Lehrdornes bzw. einer Lehrhülse so eingestellt, daß die Meßuhr auf 0 steht. Die Meßuhr zeigt dann bei der Prüfung die Abweichungen der zu lehrenden Stücke vom Normalmaß an.

Neben der Steigung muß bei einem Kegel noch geprüft werden, ob er im ganzen nicht *zu schwach oder zu stark* ist. Je nachdem paßt er dann zu wenig oder

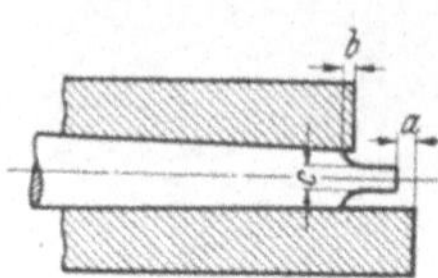

Abb. 43.
Sitz des Aufnahmekegels
in der Lehrhülse.

zu tief in die Aufnahmehülse hinein. Die genormten Kegellehren mit Lappen gestatten, dieses Passen ohne weiteres festzustellen. Es ist zweckdienlich zu verlangen, daß die Kegellappen nicht aus der *Lehrhülse* herausragen. Die notwendige Toleranz sollte vielmehr, wie Abb. 43 zeigt, nach der Minusseite liegen, d. h. der Kegel darf um nachstehenden Betrag kürzer sein als die Hülse DIN 230, und zwar sowohl am Ende *a* wie an der Rundung *b* gemessen:

$$\text{Morsekegel 1 und 2: } a \text{ bzw. } b \leq -1 \text{ mm}$$
$$\text{,,}\qquad 3 \text{ ,, } 4: \qquad\qquad -1{,}5 \text{ ,,}$$
$$\text{,,}\qquad 5 \text{ ,, } 6: \qquad\qquad -2 \quad \text{ ,,}$$

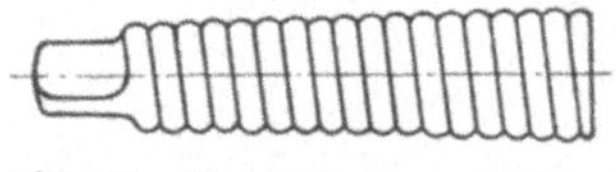

Abb. 44. Kegelhülse aus Federdraht. (Moschkau & Glimpel, Lauf, Bayern.)

Mitnehmerlappen: Toleranz für die Stärke des Lappens (c): $-0{,}15$ mm, im übrigen auf Umschlag passend.

66. Hilfskegelhülsen. Die bei Werkzeugkegeln im Betrieb am häufigsten vorkommenden Beschädigungen sind Verbeulen des Kegelmantels und Abbrechen des Mitnehmerlappens. Letzteres ist häufig eine Folge des unsauberen Mantels. Dieser liegt dann nicht mehr überall fest in der Hülse an und die Kraft wird nur noch durch den Mitnehmerlappen übertragen, der hierbei wegen Überlastung zu Bruch geht.

Werkzeuge mit *abgebrochenen Mitnehmerlappen* können in besonderen Kegelzwischenhülsen weiterverwendet werden. Abb. 44 zeigt eine aus Federdraht gewickelte Hülse, die sich beim Arbeiten entsprechend dem wachsenden Arbeitsdruck immer fester um den Kegel legt, ohne den Mitnehmer zu beanspruchen. In solchen Hülsen kann man Werkzeuge mit und ohne Mitnehmerlappen verwenden. Gelöst werden die Werkzeuge durch entgegengesetztes Drehen mit der Hand. Selbstverständlich sind diese Hülsen nur für Rechtslauf geeignet, auch kann man immer nur eine Hülse gebrauchen, weil zwei federnde Hülsen verschiedener Größe sich nicht ineinanderstecken lassen.

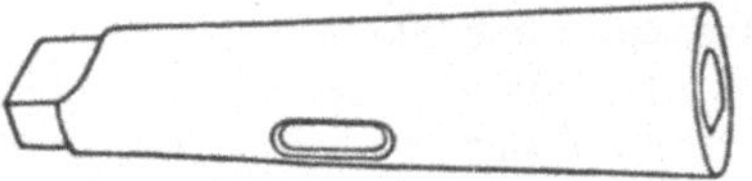

Weiterhin gibt es Kegelhülsen (Abb. 45), deren Innenkegel in Richtung der Kegelachse eine Fläche besitzt. Eine hierzu passende Fläche wird an dem beschädigten Kegel angeschliffen.

Abb. 45. Kegelhülse mit Mitnahmefläche.

Noch eine andere Möglichkeit ist die Verwendung verkürzter Kegelhülsen mit tiefersitzendem Keilschlitz nach Abb. 46. Bei diesen wird ein neuer, tiefersitzender Lappen an den Kegel nach einer besonderen Schleiflehre (Abb. 47) angeschliffen, der dann zur Mitnahme dient. Die Außenkegel aller dieser Hilfskegelhülsen sind normal.

Die viel verwendeten gewöhnlichen Kegelhülsen, die als Zwischenhülsen bei der Aufnahme kleinerer Kegel in größere Aufnahmen dienen, kommen im Handel in drei verschiedenen Ausführungen vor. Sie unterscheiden sich nicht durch ihre

Abb. 46. Kegelhülse mit tiefersitzendem Keilschlitz.
(Sasse Werkzeug GmbH., Flensburg-Mürwik.)

Abb. 47. Schleiflehre zu Abb. 46.

Maßgenauigkeit, sondern insbesondere durch ihre Härte. Die besten und teuersten Hülsen sind ganz hart und innen und außen geschliffen. Bei den einfachen und billigen Hülsen ist nur der Mitnehmerlappen gehärtet; alles andere ist weich. Die preislich in der Mitte zwischen diesen beiden Arten liegenden Hülsen sind innen nur federhart und gerieben, außen ganz gehärtet und geschliffen.

D. Spannvorrichtungen.

Neue Auf- und Einspannvorrichtungen sind teuer; von ihrer Genauigkeit hängt viel für gute Arbeit ab. Daher sollte man bemüht sein, sie sorgfältig instand zu halten. Als Beispiele seien hier einige Vorrichtungen *mittlerer Größe* herausgegriffen, deren Aufarbeitungskosten als Anhalt für eine durchschnittliche Bewertung solcher Arbeiten dienen können.

67. Dreibackenfutter, 190 mm Durchmesser, 65 mm Bohrg. Neupreis DM 154,—
Gebrauchszeit bis zur Überholung: rd. 2 Jahre, entsprechend 20 000
bis 28 000 Spannungen = 4 ⋯ 6 je Stunde
Erforderliche Arbeitszeit für das Überholen: 180 Minuten
Einmalige Überholungskosten einschließlich 100% Zuschlag: DM 17,40
Anzahl der möglichen Überholungen: 2
Gebrauchszeit nach der ersten Überholung: 1,5 Jahre
　　　„　　　　　„　　„ zweiten　　　„　　1　Jahr
Gesamtlebensdauer: 4,5 Jahre

Art der Überholungsarbeiten: Auseinandernehmen, Säubern, Beseitigen von Gratbildung, Gangbarmachen, Einfetten und Zusammenbauen.

Zeigen sich beim Auseinandernehmen große Abnutzungen oder Brüche, so lohnt die Überholung nicht.

68. Fräsdorn, 32 mm Durchmesser, 500 lang   Neupreis DM 240,—
Gebrauchsdauer bis zur Überholung: rd. 1 Jahr
Erforderliche Arbeitszeit für das Überholen: 45 Minuten
Einmalige Überholungskosten einschließlich 100% Zuschlag: DM   4,—
Anzahl der möglichen Überholungen: 5 ⋯ 7
Gesamtlebensdauer: 6 ⋯ 8 Jahre
    Art der Überholungsarbeiten: Richten, Glätten, Kegel nacharbeiten.

69. Bohrfutter, rd. 10 mm Spannweite   Neupreis DM 11,—
Gebrauchszeit bis zur Überholung: rd. 2 Jahre, entsprechend 4800
Spannungen = 1 je Stunde.
Erforderliche Arbeitszeit für das Überholen: 45 Minuten
Einmalige Überholungskosten einschließlich 100% Zuschlag: DM   4,—
Anzahl der möglichen Überholungen: 2
Gebrauchszeit nach der ersten Überholung: 1,5 Jahre
    ,,   ,,   ,, zweiten   ,,   1   Jahr
Gesamtlebensdauer: 4,5 Jahre
    Art der Überholungsarbeiten: Auseinandernehmen, Säubern, Beseitigen von Gratbildung, Gangbarmachen, Einfetten und Zusammenbauen. Unbrauchbar gewordene Spannteile ersetzt man durch neue und bezieht diese vom Lieferanten des Futters.

Zeigen sich beim Auseinandernehmen große Abnutzungen oder Brüche, so lohnt die Überholung überhaupt nicht.

70. Parallelschraubstock   Neupreis DM 60,—
Gebrauchsdauer bis zur Überholung: rd. 5 Jahre
Erforderliche Arbeitszeit für das Überholen: 120 Minuten
Einmalige Überholungskosten einschließlich 100% Zuschlag: DM 11,60
Anzahl der möglichen Überholungen: 2 ⋯ 3
Gesamtlebensdauer: 15 ⋯ 20 Jahre.
    Art der Überholungsarbeiten: Nacharbeiten der Backen, Erneuern der dazugehörigen Schrauben, Gangbarmachen und Neueinfetten der Spindel. Größere Ausbesserungen lohnen nicht.

E. Treibriemen aus Leder.

Für Ledertreibriemen hat der Reichsausschuß für Lieferbedingungen unter Nr. RAL 066 A 2 Lieferbedingungen mit eingehenden Begriffsbestimmungen[1] herausgegeben, die als Grundlage für Bestellung und Abnahme dienen können. Im folgenden sind deshalb nur einige weitere Fingerzeige für die Erkennung und Prüfung von Riemenleder gegeben. Außerdem wird anschließend die Pflege der Riemen im Betrieb behandelt.

71. Prüfung der Treibriemen. a) *Äußeres.* Das beste Leder wird bekanntlich aus den am und in der Nähe des Rückenwirbels liegenden Teilen der Haut geschnitten. Je weiter die Bahnen nach der Bauchseite zu lagen, desto weniger hochwertig sind sie. Man erkennt Rückenbahnen an den deutlich ausgeprägten Adern auf der Fleischseite. Bei Bauchleder sind nur wenig Adern zu erkennen, dafür sind hier auf der Narbenseite Wellenlinien vorhanden, die von den natürlichen Hautfalten herrühren. Außerdem ist die Narbe bei Rückenbahnen immer feiner als bei in der Nähe des Bauches liegenden Teilen der Haut. Die Stärke der Rücken-

---

[1] Erhältlich: Beuth-Vertrieb G. m. b. H., Berlin W 15 und Köln.

bahnen ist weiterhin gleichmäßiger als bei Bauchleder, ein Umstand, der insbesondere für den gleichmäßigen Lauf des Riemens wichtig ist. Bauchleder wird deshalb oft egalisiert oder abgehobelt. Man erkennt solche abgehobelten Stellen deutlich am Fehlen der Adern. Abgehobeltes oder egalisiertes Leder hat den Nachteil, daß es sich beim Arbeiten oft ungleichmäßig längt, weil der natürliche Zusammenhang der Haut gestört ist. Solche Riemen laufen dann ungleichmäßig und sind insbesondere für schnellaufende Triebe unbrauchbar.

Von ungeschicktem Abhäuten sind manchmal in der Fleischseite *Einschnitte* vorhanden, die dann häufig zugedrückt sind. Gehen solche Schnitte sehr tief, dann können sie zum Reißen des Riemens während des Betriebes führen. Es ist deshalb darauf zu achten, daß die Fleischseite unverletzt ist.

Oftmals werden billige Treibriemen zur Erzielung einer gleichmäßigen Stärke auch *gewalzt*. Hierdurch leidet die Festigkeit, und ein ungleichmäßiges Längen im Betrieb ist die weitere Folge. Man erkennt gewalzte Riemen an einer besonders blanken Narbe. Die Kanten der Riemen sind häufig stark angedrückt. Dadurch erscheint der Riemen dicker, als er wirklich ist, insbesondere, wenn man seine Durchschnittsstärke bestimmt, indem man im aufgerollten Zustande die Rollenstärke mißt und diesen Wert durch die Lagenzahl teilt. Es muß verlangt werden, daß die Kanten eines Riemens nicht stärker sind als die mittleren Teile. Die *Farbe der Riemen* schwankt zwischen hellem Gelbbraun und tiefdunklem Braun. Sie ist kein Maßstab für die Güte des Riemens. Helle Riemen sind häufig mit Säuren gebleicht. Wenn hierbei nicht alle Säurereste wieder ausgewaschen sind, kann leicht eine Zerstörung des Leders im Laufe der Zeit eintreten. Deshalb ist die dunklere Naturfarbe, selbst wenn sie fleckig und weniger schön aussieht, vorzuziehen.

Es soll an dieser Stelle noch darauf hingewiesen werden, daß viele Verbraucher leider gerade schmale Treibriemen viel zu dick bestellen. Teilweise herrscht noch die Ansicht vor, daß ein Treibriemen um so besser ist, je dicker er ist. Dies ist falsch. In den meisten Fällen, insbesondere bei kleineren Riemenscheiben ist gerade der dünne und damit geschmeidige Riemen vorteilhafter und haltbarer als ein dicker, weniger biegsamer, weil für diesen der zu überwindende Biegungswiderstand auf den kleinen Riemenscheiben viel zu hoch ist. Der dicke Riemen rutscht deshalb häufig, wird narbenbrüchig und verbrennt durch die auf seiner Laufseite auftretende Reibungshitze. Als obere Grenze für die Dicke einfacher Treibriemen können etwa 6 mm gelten. Wenn die Rechnung unbedingt höhere Stärken ergibt, muß man *Doppelriemen* verwenden. Diese Maßnahmen liegen auch durchaus im Sinne der Rohstoffersparnisse.

Ganz Ähnliches gilt auch für *Rundschnüre* (sog. Peesen). Auch diese sollten nicht mehr in Stärken über etwa 7 mm bezogen werden. Die immer noch verlangten Stärken von 9 und sogar 10 mm sind entweder nicht vollrund oder aber aus besonders stark mit Fett aufgequollenem Leder hergestellt. Hierdurch sind sie aber sehr steif und deshalb für kleinere Scheibendurchmesser ungeeignet. Sie verbrennen beim Laufen sehr leicht, weil sie sich schlecht um die Scheiben legen und deshalb rutschen. Ein gut brauchbarer Ersatz für unbedingt notwendige stärkere Schnüre sind die bekannten gedrehten Rundschnüre, die sich gut bewährt haben. Bei ihrer Verwendung ist zu beachten, daß die Schnüre so weit wie möglich zusammengedreht und straff aufgelegt werden. Wenn sich beim Zusammendrehen eine Schlinge ergibt, so schadet dies gar nichts; beim Auflegen entsteht dann ein guter Drall. Macht sich bei gedrehten Rundschnüren ein Kürzen notwendig, so ist dies immer erst durch Nachdrehen vorzunehmen; ein Abschneiden ist nur sehr selten, fast nie notwendig.

b) *Spezifisches Gewicht.* Das spezifische Gewicht soll etwa 1 betragen, eher etwas darunterliegen. Überschreitungen sollen möglichst nicht vorkommen. Sie sind meist ein Zeichen für künstlich beschwertes Leder. Der Fettgehalt des Leders (s. unten) ändert das spezifische Gewicht nicht wesentlich. Zum Beschweren werden besonders Mineralsalze verwendet, die leicht eine Zerstörung der Lederfaser herbeiführen können. Die Festigkeit beschwerter Leder ist geringer als die unbeschwerter. Außerdem sind solche Ledersorten spröde und brüchig. Auch gewalztes Leder hat ein höheres spezifisches Gewicht. Man stellt das spezifische Gewicht in besonderen Apparaten durch Verdrängung von Quecksilber fest, auf die hier jedoch nicht näher eingegangen werden soll. Die Gebrauchsanweisungen der Lieferer solcher Geräte enthalten eingehende Vorschriften für die Benutzung.

c) *Fettgehalt.* Jedem Treibriemen-Leder muß nach dem Gerben Fett zugeführt werden, damit es haltbar und elastisch bleibt. Das natürliche Fett wurde dem Leder beim Gerben entzogen. Man benutzt zum Fetten nach dem Gerben die verschiedensten Fettsorten, besonders Stearin, immer aber Fette organischen Ursprungs. Anorganische Öle und Fette sind durchaus ungeeignet, weil sie artfremd sind. Sie zerstören die Lederfaser innerhalb kürzester Zeit und führen unweigerlich zum frühen Verschleiß. Nach den erwähnten Vorschriften RAL 066 A2 werden Treibriemenleder nach der Höhe des Fettgehaltes eingeteilt in:

1. Leder mit Fettgehalt bis zu 7% (kalt geschmiert),
2. Leder mit Fettgehalt bis zu 12% (kalt gefettet),
3. Leder mit Fettgehalt bis zu 17% (warm gefettet),
4. Leder mit Fettgehalt bis zu 25% (eingebrannt).

Man kann dem Leder auch noch mehr Fett als 25% zuführen. Solche Ledersorten sind aber als Treibriemen ungeeignet. Ein einfaches Mittel, den Fettgehalt zu bestimmen, ist die Zungenprobe. Man schneidet hierzu mit einem scharfen Messer (Rasiermesser) eine frische Kante an den Riemen und befeuchtet diese mit der Zunge. Je weniger Fett das Leder enthält, desto schneller zieht die Feuchtigkeit ein. Bei warm eingebranntem Leder bleibt die Feuchtigkeit längere Zeit stehen. Benutzt man bei dieser Probe noch Vergleichsstücke, deren Fettgehalt bekannt ist, so kann man den Gehalt des zu untersuchenden Stückes mit hoher Sicherheit bestimmen. Man kann auch ein Stück Leder zwischen geriffelten Backen, die auf etwa 60···80° Temperatur gebracht sind, stark pressen. Die Menge des ausquellenden Fettes ist dann ein Maß für den Fettgehalt. Für diese Probe sind ebenfalls Vergleichsstücke mit bekanntem Fettgehalt zweckmäßig. Vorteilhaft preßt man das zu untersuchende Stück und das Vergleichsstück im gleichen Arbeitsgang nebeneinander; dann hat man die beste Gewähr für gleichmäßigen Druck auf beide Stücke. Stark farbige austretende Fettmassen lassen oft auf besondere Beschwerungsstoffe schließen.

Ledersorten mit hohem Fettgehalt sind billiger als solche mit geringem, aber durchaus nicht etwa in allen Fällen minderwertiger. Für gewöhnliche Antriebe an Werkzeugmaschinen z. B. eignen sich warm gefettete Riemen durchaus, weil sie wegen ihres hohen Fettgehaltes verhältnismäßig ölbeständig sind. Die besseren, fettärmeren Sorten lassen wohl höhere Belastungen zu und haben bei sorgfältig überwachten Betriebsverhältnissen auch eine längere Lebensdauer. Sie sind aber sehr empfindlich gegen Mineralöl, das das Leder in kürzester Zeit zerstört.

d) *Gerbung.* Die Gerbung muß im ganzen Riemen gleichmäßig sein. Die Schnittflächen dürfen keine weißen oder speckig hellen Streifen, die von ungleichmäßiger Gerbung herrühren, zeigen. Zur Probe auf gleichmäßige Gerbung schneidet man ein blattdünnes Riemenspänchen mit möglichst scharfem Messer (Rasiermesser) ab und legt dieses etwa $^1/_2$ Stunde in 20- bis 30 proz. Essigsäure. Gegen das Licht gehalten zeigt ein so behandeltes Stück dann ungegerbte Fasern pergamentartig durchscheinend, während die gut gegerbte Faser das Licht gar nicht oder nur sehr schwach hindurchläßt.

e) *Zerreißfestigkeit.* Die Zerreißfestigkeit allein ist kein Maßstab für die Güte des Leders. Deshalb sollen Zerreißproben immer nur im Zusammenhang mit anderen Untersuchungen vorgenommen werden. Stark gefettetes Leder hat z. B. meist eine höhere Zerreißfestigkeit als weniger stark gefettetes von sonst der gleichen Güte. Allerdings ist der Unterschied nicht sehr erheblich. Im allgemeinen haben die Hals- und Seitenteile der Haut die höchste Zerreißfestigkeit. Danach folgen die Rückenteile. Die geringste Festigkeit haben die in der Nähe des Schwanzes liegenden Stücke. Für die Prüfung der Zerreißfestigkeit von Leder sind besondere Geräte erhältlich, die bei ausreichender Genauigkeit schnelles Arbeiten gestatten.

72. Behandlung der Treibriemen im Betriebe. Während des Betriebes muß jedem Riemen organisches Fett zugeführt werden, damit er geschmeidig bleibt und die gegenseitige Reibung der Fasern verringert wird. Weiterhin macht das Fetten den Riemen straff. Dieses Fetten ist zu unterscheiden von dem einmaligen Fetten des Leders nach dem Gerben (s. oben). Neue Riemen haben sich nach etwa 8 ⋯ 14 Tagen eingelaufen. Sie sollen dann möglichst nicht mehr gekürzt werden. Wenn sie sich nach dieser Zeit doch noch längen, so müssen sie gefettet werden, sofern die übermäßige Längung nicht auf minderwertige Ledersorten zurückzuführen ist. Das Zellgewebe des Leders schwillt hierdurch an, der Riemen wird kürzer und legt sich von selbst fester um die Scheibe, und seine Adhäsion wird größer. Selbstverständlich darf das Fetten auch nicht übertrieben werden. Richtig gefettete Riemen brauchen nicht so stark gespannt zu sein wie trockene und ergeben damit auch kleinere Lagerdrücke. Außerdem schützt ein gut fettiges Riemenpflegemittel den Riemen auch gegen das Eindringen von *Mineralöl,* das, wie schon ausgeführt, in kurzer Zeit die Lederfaser zerstört. Das Umherspritzen von Mineralöl läßt sich aber an Werkzeugmaschinen leider nicht immer vermeiden. Es muß deshalb für genügenden Schutz, etwa durch Einkapselung der Riemen, gesorgt werden. Am gebrauchten Riemen ist nicht zu erkennen, ob er mit Mineralöl durchtränkt ist oder nicht, weil er genau so dunkel aussieht wie ein pfleglich behandelter Treibriemen. In vielen Fällen werden deshalb vorzeitig unbrauchbar gewordene Riemen entweder als etwas Unabänderliches hingenommen, oder aber dem Riemenlieferanten wird die Lieferung minderwertigen Leders vorgeworfen.

Ein brauchbares Mittel, um festzustellen, ob Treibriemenleder mit schädlichem Mineralöl durchtränkt ist, stellt die *Analysen-Quarzlampe* dar. Leder, das richtig, d. h. mit organischem Fett getränkt ist, zeigt an einer frischen Schnittfläche eine geringe Fluoreszenz mit leichtem Stich ins Gelbliche, je nach der Art der enthaltenen Fettmenge. Dagegen haben mineralöldurchtränkte Riemen an der Schnittfläche eine ausgesprochen bläuliche Fluoreszenz von hoher Intensität. Solche Riemen verschleißen meist sehr schnell. Über die mögliche Behandlung und Rettung solcher mineralöldurchtränkten Treibriemen siehe weiter unten.

Gute Riemenpflegemittel müssen den Riemen geschmeidig, aber nicht schlapp machen und dürfen ihm besonders seinen kernigen Charakter nicht nehmen. Sonst wird er fettgarem Leder ähnlich. Weiterhin müssen sie den Riemen elastisch machen, d. h. dafür sorgen, daß er den dauernden Formveränderungen bei der Arbeit nachgeben kann. Die Lauffläche des Riemens muß durch eine gute Paste rauh und stumpf, aber nicht klebrig gemacht werden.

Im Handel sind eine ganze Reihe guter, brauchbarer *Treibriemenpflege-mittel* vorhanden. Leider ist ihr Preis oft verhältnismäßig hoch und damit hindernd für eine allgemeine Einführung. Hierbei muß man allerdings berücksichtigen, daß der Wert der im Betrieb vorhandenen Treibriemen meist so groß ist, daß es sich schon lohnt, einige Mark für gute Pflegemittel anzulegen. Zu warnen ist aber vor dem Gebrauch der leider immer noch im Handel befindlichen *Adhäsionsmittel*, die auch als Riemenpflegemittel angeboten werden. Sie enthalten insbesondere Harz, Kolophonium oder ähnliches und sollen ein besseres Durchziehen des Riemens herbeiführen. Derartige Mittel verkleben den Riemen aber schon nach kurzer Gebrauchszeit und machen ihn brüchig. Sie sollen deshalb in gut geleiteten Betrieben niemals verwendet werden. Man kann sich brauchbare Riemenpflegemittel auch leicht selbst anfertigen. Am einfachsten ist die Verwendung von reinem Rindertalg, der in haselnußgroßen Stücken zwischen Riemen und Scheibe gebracht wird. Man kann auch reinen Fischtran auf die Haarseite pinseln oder einreiben. Diese Mittel haben aber den Nachteil, daß sie leicht verderben und ranzig werden. Sie sind also nur dann zu empfehlen, wenn eine sehr häufige Reinigung erfolgt. Gute Erfahrungen liegen vor mit einer Mischung von etwa 3 Teilen Tran und einem Teil Talg, der man zur Verhütung des Ranzigwerdens Gerbsäure zusetzt. Der Schmelzpunkt einer solchen Paste liegt zwischen etwa 40 und 60°, also ungefähr bei der Arbeitstemperatur des Riemens. Sie wird mittels eines Spachtels oder einem ähnlichen Gerät (Holzstab) auf die Innenseite des langsam laufenden Riemens so gleichmäßig und dünn wie möglich aufgetragen. Sie soll nach kurzer Zeit so gut verteilt sein, daß der Riemen eine gleichmäßig dunkle Farbe angenommen hat. Überschüssige Paste ist wieder zu entfernen.

Zu bemerken ist noch, daß frisch gefettete Riemen zuerst etwas gleiten. Dies ist kein Fehler, sondern die Folge des noch an der Oberfläche befindlichen Fettes. Bei der entstehenden Wärme wird dieser Fettüberschuß aber sehr bald aufgesogen, und der Riemen läuft dann einwandfrei.

Vor dem Fetten müssen verschmutzte Treibriemen *gereinigt* werden. Durch das Reinigen wird der Staub und Werkstattschmutz, der insbesondere die Lauffläche des Riemens blank und weniger haftend macht, entfernt. Die Riemen werden wieder weich und schmiegsam, ihre Poren geöffnet. In leichteren Fällen genügt es, zur Reinigung die Haarseite mit lauwarmem Seifenwasser und Bürste oder Lappen bei langsamem Gang des Riemens abzuwaschen. Dieses muß möglichst rasch und vorsichtig geschehen, damit nicht zuviel Nässe in das Leder eindringt und die Gerbstoffe aus dem Leder auslaugt. Außerdem müssen die Leimstellen, sofern sie nicht wasserfest sind, geschont werden. Starke Schmutzkrusten entfernt man mit einer scharfen Bürste oder einem Schaber. Hierbei ist aber darauf zu achten, daß das Leder und besonders die Leimstellen nicht verletzt werden. Man fettet den Riemen gleich nach dem Waschen, solange er noch feucht ist.

Sehr stark verölte Riemen werden mit Benzin, Benzol oder Terpentinöl ausgewaschen. Auch eine Mischung von $^3/_4$ Benzin und $^1/_4$ Terpentinöl wird empfohlen. Die Leimstellen werden hierdurch nicht angegriffen. Vorteilhaft ist auch die Reinigung mit Sägemehl, weil sie den Riemen gar nicht angreift. Sie wirkt sehr milde und gründlich, ist aber zeitraubend. Hierzu wird der Riemen in einer mit harzfreiem Sägemehl gefüllten Kiste eingebettet und diese an einen warmen Ort gestellt. Durch die Wärme werden die alten Fette und Öle dünnflüssig und laufen aus. Die Krusten lösen sich hierbei ab. Das Sägemehl saugt das Öl auf.

Mindestens alle Jahre einmal sollten sämtliche im Betrieb vorhandenen Riemen nach einer der genannten Methode gereinigt werden. Bei breiten, hochbelasteten und teuren Riemen macht sich eine öftere Reinigung bezahlt.

Durch eine pflegliche Riemenbehandlung ergeben sich nachstehende Vorteile:

1. Geringerer Riemenverbrauch (Erhöhung der Lebensdauer auf ein Mehrfaches).
2. Kraftersparnis.
3. Schonung der Lager.
4. Gutes Durchziehen und ruhiger Lauf der Maschine.

IV. Einrichtungen und Sonderaufgaben der Werkzeugprüfstelle.

A. Personen- und Raumfragen.

73. Die Werkzeugprüfer sollen gelernte Werkzeugmacher sein, die außer ihrer eigentlichen Berufsausbildung noch eine Sonderausbildung durchgemacht haben; insbesondere müssen ihnen auch die einschlägigen Normen geläufig sein. Auf einen Umstand muß hier noch hingewiesen werden, der vielleicht belanglos erscheint, aber doch außerordentlich wichtig ist. Die Werkzeugprüfer müssen völlig *schweißfreie Hände* haben, da sonst bald alle feinen Geräte, mit denen sie in Berührung kommen, rötlich anlaufen. Gegen diesen Handschweiß hilft meist kein noch so starkes Einfetten der Geräte.

Es ist zweckmäßig, die Werkzeugprüfer im Lohn zu beschäftigen; eine Akkordarbeit ist nur sehr schwer durchzuführen und bietet wenig Gewähr für eine einwandfreie Prüfung, die ja zum großen Teil Vertrauensarbeit ist.

Die mit *Aufarbeitungsarbeiten* beschäftigten Leute sollten ebenfalls in der Regel im Lohn beschäftigt werden und nicht im Akkord. Man hat dann bessere Gewähr dafür, daß gewissenhaft gearbeitet wird. So werden z. B. beim Schleifen kleinere Schleifspäne genommen werden, die dann kein Ausglühen der feinen Schneidenspitzen zur Folge haben; ein Umstand, auf den ganz besonders zu achten ist. Am fertigen Stück lassen sich solche Fehler fast niemals mehr feststellen. Die beim zu scharfen Schleifen entstehenden Anlauffarben sind bei dem allgemein üblichen letzten Feinschliff verschwunden; die üblichen Härteprüfungen versagen ebenfalls, weil die Fehlstellen nur an den äußersten Spitzen sitzen.

74. Räumlichkeiten für die Prüfstelle[1]. Die *Räume* der Werkzeugprüfstelle sollten am besten etwas abseits von den übrigen Werkstätten liegen, damit größtmögliche Erschütterungs- und Staubfreiheit gewährleistet ist. Nordlage der Fenster ist wegen der fehlenden direkten Sonnenstrahlen von Vorteil. Auf Zugfreiheit ist Wert zu legen. Als Heizung dürfte wohl meist Dampf- oder Warmwasserheizung vorhanden sein, die reichlich und gut regulierbar ausgeführt sein muß, damit die für feinere Messungen unbedingt notwendige Raumtemperatur von 20°, die übrigens durchweg für alle technischen Messungen vorgeschrieben ist, eingehalten werden kann. Als Zusatzheizung, besonders für kleine Räume, haben sich elektrische Heizkörper bewährt, die in verhältnismäßig einfacher Weise mit selbsttätig gesteuerter Ein- und Ausschaltung durch Kontaktthermometer versehen werden können. Die feineren Instrumente einer Prüfstelle sollten immer in solchen kleinen Sonderräumen untergebracht sein.

Viel schwieriger als die Erwärmung der Räume ist die an heißen Tagen notwendige *Kühlhaltung*. Eine besondere Kühleinrichtung oder eine vollständige Klimaanlage wird sich wegen der hohen Kosten wohl nur in den seltensten Fällen einrichten lassen. Die obenerwähnte Nordlage ist deshalb wichtig. Weiterhin wird im Erdgeschoß immer eine gleichmäßigere Temperatur vorhanden sein als

---

[1] Vgl. auch H. Schorsch: Über die Ausgestaltung von Meßräumen im Betrieb. Werkst.-Techn. 1936 S. 429.

in den Obergeschossen. Gegebenenfalls können gut angebrachte Fenstervorhänge mit zum Niedrighalten der Temperatur herangezogen werden.

Der *Fußboden* der Prüfräume ist am besten mit Linoleum, Parkett oder den neuen Kunstharzbelagstoffen auszulegen. Zementfußboden ist wegen der beim Fegen und beim Laufen auftretenden Staubentwicklung durchaus ungeeignet, wie überhaupt alles vermieden werden muß, was zur Staubentwicklung beiträgt.

Die *Tische* für die Prüfstelle sollen so schwer wie angängig gebaut sein. Gewöhnliche Bürotische sind wegen ihrer leichten Neigung zu Erschütterungen ungeeignet. Alle feineren Meßinstrumente sind außerdem noch auf schwere gußeiserne Platten mit gehobelter Oberfläche zu stellen, auf die auch die zu prüfenden Gegenstände vor dem Messen gelegt werden können, damit sie schneller die Prüfraumtemperatur annehmen.

Auf gute *Tageslichtbeleuchtung* der Prüfräume ist allergrößter Wert zu legen. Diese Forderung wäre am besten in den obersten Stockwerken der Gebäude zu erfüllen; wegen der vorher erhobenen Forderung größtmöglicher Erschütterungsfreiheit und wegen der Kühlhaltung im Sommer dürfte die Lage im Erdgeschoß oder 1. Obergeschoß jedoch bei den meisten Gebäuden besser sein. Es muß aber dann für große Fensteröffnungen gesorgt sein; außerdem sollte dem Licht der Zutritt nicht durch Bäume od. ä. verwehrt werden. Zur künstlichen Allgemeinbeleuchtung genügen die auch sonst üblichen neueren Beleuchtungskörper. Bewährt haben sich Leuchtstoffröhren (Langfeldleuchten). Indirekte Beleuchtung ist wegen ihrer gleichmäßigen Helligkeit ohne jede Blendung sehr gut, in den meisten Fällen aber nicht unbedingt notwendig. Neben guter Allgemeinbeleuchtung soll an jedem Arbeitsplatz eine blendungsfreie Tischleuchte mit Verstellmöglichkeit in jeder Lage vorhanden sein.

75. Sonderausstattungen. Da die meisten Prüfarbeiten sitzend verrichtet werden, ist für gute *Stühle* zu sorgen, die vor allem nicht ermüden. Die gewöhnlichen dreibeinigen Werkstattschemel ohne Lehne sind nicht geeignet. Gut bewährt haben sich Stühle mit federnder Rückenlehne, weil sie sich gut dem Körper anpassen und verbessernd auf die ganze Körperhaltung wirken.

Glashauben für hochwertige Geräte schützen diese bei Nichtgebrauch am besten und sehen gut aus. Sind weite, leicht zu öffnende Türen vorhanden, so stören solche Umbauten beim Arbeiten fast gar nicht. Wenn eine Bedienung der Geräte von mehreren Seiten aus notwendig ist, empfiehlt es sich, den ganzen Umbau an einem leichten Aufzug mit Gegengewicht aufzuhängen, der es gestattet, ihn beim Gebrauch an die Decke des Raumes zu ziehen. Für alle einfachen Geräte sollten zumindest Tücher zum Zudecken bei Nichtgebrauch und bei der Raumreinigung vorhanden sein.

Eine *Werkbank* mit Schraubstock, sowie eine *Bohrmaschine* mit etwa $10 \cdots 15$ mm Bohrleistung, eine kleine *Werkzeugmacherdrehbank* und eine kleine *Scharfschleifmaschine* sollten vorhanden sein, damit kleinere Arbeiten, wie z. B. Bohren von Löchern für die Gewindebohrererprobung, Abdrehen von Bolzen für die Schneideisenprüfung usw. ohne Inanspruchnahme der übrigen Werkstätten vorgenommen werden können. Selbstverständlich ist diese kleine Werkstatt etwas getrennt von den Feinmeßgeräten einzurichten, damit Störungen vermieden werden.

B. Aufgaben der Prüfstelle.

76. Eingangsprüfung und Zusammenarbeit mit dem Einkauf. Die Aufgaben der Prüfstelle beginnen mit dem Prüfen der von auswärts bezogenen Meßgeräte und Arbeitswerkzeuge. Dazu kommen noch verschiedene, im Betriebe vielfach benötigte Vorrichtungen und Hilfsmittel, von denen in Kapitel III einige als Beispiele behandelt wurden.

Über alle vorgenommenen Prüfungen ist vom Prüfer ein *Prüfschein* (Abb. 48) auszustellen, nach dem der Leiter der Prüfwerkstatt entscheidet, ob die Werkzeuge abgenommen oder an den Lieferanten zurückgegeben werden sollen. Die Aufzeichnungen dieser Prüfscheine werden zweckmäßig in eine Kartei eingetragen, die damit jederzeit über die guten und schlechten Lieferungen der einzelnen Lieferanten Auskunft gibt und somit eine wertvolle Unterstützung des Einkäufers bei seinen Dispositionen darstellt.

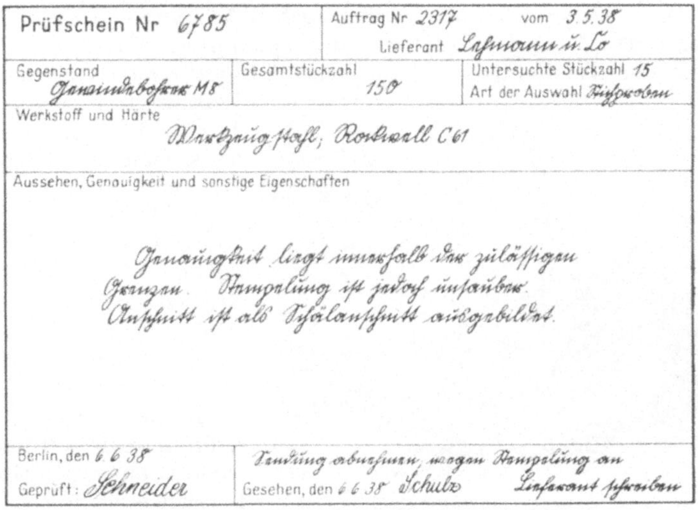

Abb. 48. Prüfschein.

Die Zusammenarbeit zwischen Einkauf und Prüfstelle sollte überhaupt so eng wie irgend möglich sein. Wenn beide derselben Leitung unterstehen, so kann dies nur Vorteile bieten. Die Arbeitsgebiete dieser Abteilungen überschneiden sich in so vielen Punkten und die Gedanken „Technischer Einkauf" und „Technische Warenprüfung" sind immer noch so neu und in den Betrieben so wenig eingeführt, daß viele notwendige Unterlagen erst aus dem Nichts geschaffen werden müssen. Gegenseitige Befruchtung führt hier am schnellsten dem Ziele näher.

77. Abnahmevorschriften. Der Werkzeugprüfer muß neben solchen Gütevorschriften, wie sie z. B. in den verschiedenen Abschnitten des I. Kapitels (z. B. Abschn. 12···14) ausführlich dargelegt wurden, noch Ergänzungsvorschriften für die Abnahme haben, die ihm angeben, ob jeweils die ganze Sendung zu prüfen ist oder ob Stichproben genügen, und gegebenenfalls, wie die Auswahl zu erfolgen hat. Weiterhin muß ihm vorgeschrieben werden, welche Prüfgeräte er für die einzelnen Punkte benutzen soll und auf welche Umstände besonders zu achten ist. Bezüglich der Prüfmenge empfiehlt es sich, alle Meßgeräte Stück für Stück zu untersuchen. Bei Schneidwerkzeugen genügen meist Stichproben von 10% der Gesamtmenge. Sind diese in Ordnung, dann kann die ganze Sendung in den Betrieb gegeben werden; falls Fehler vorhanden sind, werden nochmals 10% geprüft, wonach dann die Entscheidung erfolgt.

Die Abnahmevorschriften sollen möglichst elastisch sein und jederzeit den Besonderheiten des Betriebes und den Eigenheiten der einzelnen Lieferanten angepaßt werden. Sie brauchen deshalb nicht immer in ausführlicher, starrer, schriftlicher Form vorzuliegen; in vielen Fällen genügt auch mündliche Anweisung der Prüfer durch den Leiter der Prüfstelle.

78. Säubern, Fetten und Zeichnen der Prüfstücke. Die meisten Werkzeuge werden im eingefetteten Zustande verschickt und müssen deshalb vor dem Prüfen entfettet werden. Hierzu eignet sich für kleine Betriebe am besten Benzin. Als Waschgefäß wird eine kleine flache Schüssel mit gut schließendem Deckel verwendet. Besser ist es, zwei Schüsseln — eine zum Vor- und die andere zum Nachwaschen — zu gebrauchen. Besonders feine Werkzeuge mit stark profilierter Oberfläche, z. B. Gewindelehren, werden noch mit Schwefeläther nachgewaschen. Entsprechend der Feuergefährlichkeit der genannten Waschmittel ist höchste Vorsicht bei der Verwendung erforderlich. Es sind zwar auch nichtbrennbare Waschmittel bekannt, wie z. B. Trichloräthylen, die aber gesundheitsschädliche Dämpfe entwickeln und deshalb nur in besonderen Behältern mit Absaugevorrichtungen verwendet werden dürfen. Sind die anfallenden Stückzahlen groß genug, so lohnt sich natürlich die Aufstellung solcher Apparate als Ersatz für die Benzinwascheinrichtung.

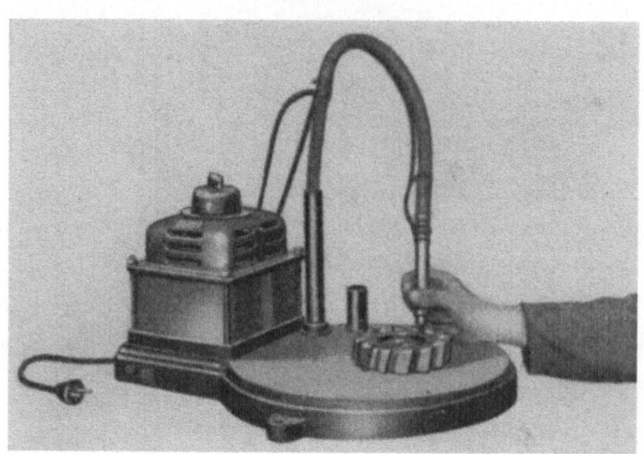

Abb. 49. Elektrisches Handsigniergerät. (AEG., Berlin.)

Die letzten noch anhaftenden Schmutzreste werden mit Ledertüchern entfernt. Gewindelehren können auch mit einem starken, gespannten Zwirnsfaden gesäubert werden. Für das Säubern von ebenen Meßflächen wird ein Stückchen Leder auf ein kleines Brettchen mit Handgriff geklebt und dieses ähnlich wie eine Feile gehandhabt.

Schneidwerkzeuge, die nicht gleich verwendet werden, und alle besseren Meßgeräte müssen nach der Prüfung wieder eingefettet werden. Hierzu eignet sich säurefreies Mineralöl, am besten sogenanntes Weißöl, das mit einem Pinsel aufgetragen wird. Für große Stückzahlen kann eine Mischung von Öl oder besser noch säurefreier Vaseline und Benzin (etwa 1:1 bis 1:3) angesetzt werden, in die die Werkzeuge getaucht werden. Das Benzin verdunstet dann (Abzughaube wegen Feuergefahr) und zurück bleibt eine dünne gleichmäßige Fettschicht, die genügenden Schutz gewährt.

In vielen Fällen ist es zweckmäßig, die geprüften Werkzeuge zu *zeichnen*. Die bekannten Schlagstempel können hierzu oft nicht verwendet werden, weil die Teile hart sind und außerdem die Gefahr des Verstauchens vorliegt. Besser sind elektrische Signiergeräte (Abb. 49), die die Zeichen mittels eines kleinen Lichtbogens einbrennen. Da derartige Zeichen nur schwer wieder zu entfernen und nach dem etwaigen Entfernen mit geeigneten Mitteln (Ätzen) auch wieder sichtbar zu machen sind, können sie auch zum Eigentumsschutz Verwendung finden.

79. Überwachung der in Gebrauch befindlichen Werkzeuge. Neben der Prüfung der neueingehenden Werkzeuge soll der Werkzeugprüfstelle auch die laufende Überwachung der in Gebrauch befindlichen Werkzeuge, soweit diese nötig ist, obliegen. Insbesondere gilt dies für alle vorhandenen Meß- und Schneidwerkzeuge, gleichgültig, ob sie sich zum allgemeinen Gebrauch in der Werkzeugausgabe befinden oder den einzelnen Arbeitern zum dauernden Gebrauch überlassen sind. Letztere z. B. sollten in bestimmten Zeitabständen, am besten an einem Sonnabend, kurz vor Arbeitsschluß, eingezogen werden. Sie können dann während der Arbeitspause genauest geprüft und am Montag wieder den Leuten ausgehändigt werden. Ergeben sich bei der Prüfung Unstimmigkeiten, so erhalten die Leute Ersatz und die beanstandeten Werkzeuge wandern zur Aufarbeitung in den eigenen oder einen fremden Werkzeugbau. Werden jedoch schon in der Zwischenzeit irgendwelche Unstimmigkeiten festgestellt, dann muß man die Geräte sofort nachprüfen und aufarbeiten oder ersetzen. Solche Unstimmigkeiten kommen meist dann zum Vorschein, wenn die Fertigungskontrolle die abgelieferte Arbeit beanstandet und zur Nacharbeit zurückweist. Da diese Arbeit in der Regel nicht bezahlt wird, so hat der einzelne Arbeiter selbst das größte Interesse daran, daß seine Werkzeuge in Ordnung sind. Es muß ihm aber auch die Möglichkeit gegeben werden, jederzeit eine Prüfung derselben außer der Reihe durchführen zu lassen. Bewährt hat sich die Führung einer besonderen Lehrenkontrollkarte für jede einzelne Festlehre (Rachenlehre, Lehrdorn usw.) Auf der Vorderseite derselben können die „Personalien" der Lehre, wie Inventar-Nr., Lieferant, Preis, Liefertag, Nennmaß, Toleranz, Abmaß, Herstellungstoleranz, Häufigkeit der Nachprüfung usw. aufgeführt werden, während auf der Rückseite die einzelnen jeweils gemessenen Werte (bei Lieferung und Nachkontrolle) einzutragen sind. Benutzt man hierfür eine graphische Methode (punktförmige Eintragung des Meßergebnisses innerhalb von Grenzstrichen, die das größte bzw. kleinste Abmaß darstellen), so hat man sofort einen guten Überblick über den derzeitigen Zustand der Lehre und über die Behandlung während der Benutzung.

Bei Schneidwerkzeugen ist die Feststellung der Grenze des noch brauchbaren Zustandes nicht allzu schwierig und kann in gewissen Fällen dem Arbeiter bzw. dem Einrichter überlassen bleiben. Es muß den Leuten aber immer wieder klargemacht werden, daß dem Verschleiß der teuren Schneidwerkzeuge höchste Aufmerksamkeit zu widmen ist, und daß sich hierbei außerordentliche Ersparnisse erzielen lassen. Eine einmalige Belehrung seitens der Betriebsleitung fruchtet meist gar nicht; nur laufende Unterweisung führt zum Ziel. Zweckmäßig ist es auch, an mehreren Stellen in der Werkstatt Tafeln auszuhängen, die zeigen, wie stark die abzuschleifende Schicht wächst, wenn nicht gleich bei Beginn des Stumpfwerdens geschliffen wird.

Bei hochwertigen und damit teuren Werkzeugen sollten ebenfalls besondere schriftliche *Aufzeichnungen* über Schnittleistungen, Nacharbeit usw. gemacht werden, die am besten von der *Werkzeugausgabe* zu führen sind. Die Betriebsleitung erhält hierdurch wertvolle Fingerzeige für die Kostenrechnung und kann auch viel leichter erkennen, wo im Betriebe noch etwas zu verbessern ist. Zu solchen Verbesserungen wird aber jeder Betrieb durch den ewigen Wettbewerb gezwungen. Sie sind leichter durchzuführen, wenn an Hand zuverlässiger Werte Vergleiche zwischen den einzelnen Abteilungen des Werkes durchgeführt werden können. Überall dort, wo die Schneidhaltigkeit nicht genügend beachtet und buchmäßig registriert wird, und auch dort, wo man die Schneiden zu weit abstumpfen läßt, bevor ein Nachschleifen erfolgt, liegt die Gefahr nahe, daß der Werkzeugverbrauch bzw. die Kosten hierfür nicht mehr tragbar bleiben, trotz Höchstleistung in der Fertigung und mitunter gerade deshalb.

In den vorhandenen Werkzeugen steckt meist ein sehr hoher Wert, dessen schärfste Überwachung von erstklassigen Fachleuten unbedingt erforderlich und bestimmt auch lohnend ist. Es ist wirtschaftlich falsch, jeden Pfennig baren

Geldes im Betrieb genau zu verfolgen und buchmäßig zu erfassen und daneben die hohen in den Werkzeugen angelegten Werte vollkommen zu vernachlässigen.

80. Mitwirkung bei Aufarbeitung von Werkzeugen usw. Da die Prüfstelle mit den Arbeitsbedingungen und Genauigkeitsanforderungen für ihre Prüflinge besonders vertraut ist, so liegt es nahe, ihr außer der regelmäßigen Nachprüfung auch eine wenigstens beratende Mitwirkung beim Aufarbeiten von Werkzeugen zu übertragen, zumal es ihr dadurch möglich wird, die Abnutzung im Betrieb kennenzulernen und so wertvolle Erfahrungen für die Prüfung zukünftiger Lieferungen zu sammeln.

Die meisten im Betriebe befindlichen Schneidwerkzeuge werden in den eigenen Werkstätten aufgearbeitet werden können. In gewissen Maße wird dies auch für Meßgeräte zutreffen, obwohl es hier in manchen Fällen ratsamer ist, eine Überholung beim Lieferanten zu veranlassen, weil dort bessere Sondereinrichtungen zur Verfügung stehen.

Für eine Ausführung des Aufarbeitens im eigenen Werk sprechen die nachstehenden Punkte:

1. Die Werkstätten brauchen zeitweise solche Arbeiten, weil sie sonst gut eingearbeitete Fachkräfte, an denen besonderes Interesse besteht, nicht immer voll beschäftigen können.

2. Oft werden diese Arbeiten im eigenen Werk etwas billiger als auswärts (bei gleichen Ansprüchen).

3. Im eigenen Werk können Aufarbeitungen schneller durchgeführt werden. Dieser Umstand ist besonders wichtig, weil die Werkzeuge meist dringend gebraucht werden.

4. Die zur Aufarbeitung notwendigen Maschinen und Vorrichtungen sind, abgesehen von Sondereinrichtungen, sowieso vorhanden.

Die folgende Aufstellung gibt einen Überblick über die hauptsächlichsten Maschinen, die zur Aufarbeitung erforderlich sind. In großen Werken lohnt es sich, diese in einer mit der Prüfstelle verbundenen gesonderten *Aufarbeitungswerkstatt* zusammenzufassen. Bei Überbeschäftigung in dieser bleibt dann immer noch Rückgriffsmöglichkeit auf die im allgemeinen Betrieb vorhandenen Maschinen.

1. Rundschleifmaschinen	
2. Innenschleifmaschinen	besonders für Meßgeräte, teils auch für Fräsdorne
3. Flächenschleifmaschinen	und Ringe
4. Rachenlehren-Schleifmaschinen	
5. Universal-Werkzeugschleifmaschinen	
6. Messerkopf-Schleifmaschinen	
7. Fräser-Schleifmaschinen	
8. Gewindebohrer-Schleifmaschinen	
9. Schneideisen-Schleifmaschinen	
10. Spiralbohrer-Schleifmaschinen	besonders für Schneidwerkzeuge
11. Kreissägen-Schärfmaschinen	
12. Bandsägen-Schärf- und Schränkmaschinen	
13. Stähle-Schleifmaschinen, große und kleine	
14. Gewöhnliche Schleifsteine	

Selbstverständlich ist es, daß sich diese Maschinen jederzeit in tadellosem Zustand befinden müssen.

Eine zentrale Instandhaltung ist besonders für mit Hartmetall bestückte Werkzeuge anzuraten. Selbst das einfache Nachschleifen von Drehstählen mit Hartmetall sollte nicht den Maschinenarbeitern überlassen werden, weil hierbei meist Fehler, die eine frühzeitige Zerstörung zur Folge haben, gemacht werden.

Bewährt hat sich die Festlegung von genauen Schnittzeiten für jedes einzelne Hartmetallwerkzeug, nach deren Ablauf der Arbeiter dasselbe gegen ein aufgearbeitetes austauscht; unabhängig davon, ob er es noch für genügend scharf hält oder nicht. Die Festlegung solcher Schnittzeiten hat auch großen Wert für die Stücklohnkalkulation und die Betriebswirtschaftlichkeitsberechnung.

81. Optische Untersuchungen. Eine große Zahl von Prüfgeräten wurde schon bei der Besprechung der zu prüfenden Gegenstände erwähnt. Dennoch sei hier ihrer Bedeutung wegen über die im Prüfraum zu verwendenden Lupen etwas gesagt.

Für genauere optische Untersuchungen muß jeder Prüfer im Besitz von mindestens zwei Lupen mit verschiedenen Vergrößerungen sein. Für einfachere Beobachtungen genügen die gewöhnlichen Uhrmacherlupen mit Hartgummi- oder Leichtmetallmuschel und etwa 2 ⋯ 3 facher Vergrößerung; für etwas höhere Ansprüche, insbesondere für das Absuchen von Werkzeugen nach Härterissen, benötigt man eine Lupe mit etwa 12 facher Vergrößerung.

Für die Prüfung großer Stückzahlen, die längere Zeit in Anspruch nehmen, ist es zu ermüdend und zu lästig, die Lupen ins Auge zu klemmen bzw. sie mit der Hand zu halten. Deshalb sollte man Lupen verwenden, die am Kopf befestigt werden können. Abb. 50 zeigt ein solches Beobachtungsgerät, das auch mit angebauter Beleuchtungseinrichtung versehen werden kann. Mit solchen Lupen ist selbst stundenlanges Arbeiten möglich, ohne daß Ermüdungen eintreten.

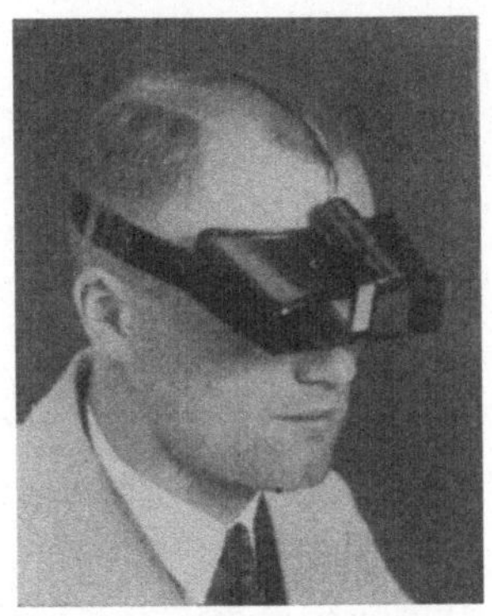

Abb. 50. Binokulare Kopflupe.
(Carl Zeiß, Jena.)

Für stärkere Vergrößerungen, bis etwa 40 fach, wie sie z. B. für Vergleichsbeobachtungen der Schärfe von Feilen und für das Begutachten der Oberflächenbeschaffenheit von Werkzeugen notwendig sind, haben sich binokulare Mikroskope (Abb. 12, S. 16) bewährt. Sie haben den einfachen gegenüber den Vorteil größerer Tiefenschärfe und lassen vor allem das Bild gut körperlich erscheinen. Bei ihrer Benutzung ist zu beachten, daß man den Augenabstand genau einstellen muß, um die genannten Vorteile voll zu erreichen. Für Beobachtungen mit künstlichem Licht kann eine gut nach oben abgeblendete Leuchte dienen.

C. Härteprüfung[1].

82. Die richtige Härte von Werkzeugen u. dgl. ist ebenso wichtig wie ihre Maßgenauigkeit. Sie sorgt dafür, daß die ursprüngliche Herstellungsgenauigkeit während des Gebrauches möglichst lange erhalten bleibt. Auf ihre einwandfreie Feststellung muß deshalb in einer gut eingerichteten Prüfstelle der allergrößte Wert gelegt werden. Man muß sich allerdings von vornherein darüber klar sein, daß der Begriff „Härte" für die hier behandelten Gegenstände eigentlich nur ein Notbehelf ist. Es wäre viel richtiger, dafür den Begriff „Verschleißfestigkeit" einzusetzen, und es sind im Schrifttum bereits einige für manche Zwecke durchaus brauchbare Verfahren beschrieben worden, die unmittelbar die Verschleißfestigkeit messen, ohne den Umweg über die Härteprüfung zu benutzen. Leider sind

---

[1] Vgl. Werkstattbuch Heft 34 „Werkstoffprüfung" und Heft 111 „Härtemessungen in der Werkstatt".

diese Verfahren nur auf ganz bestimmte, eng umrissene Anwendungsbereiche beschränkt und nicht ohne weiteres auf verwandte Gebiete übertragbar. Ihre Benutzung erfordert außerdem sehr eingehende und umfangreiche Sondererfahrungen und weiterhin steht für die Auswertung der Ergebnisse noch recht wenig Vergleichsmaterial zur Verfügung. Für Arbeitswerkzeuge und Meßgeräte eignen sich am besten die Härteangabe in Rockwell-C-Einheiten oder in Vickers-Härtegraden (Abschn. 84 u. 85); Tabelle 14 gibt eine Übersicht über die für einige Gegenstände notwendigen Härten, die gewissermaßen als Grenzwerte zu betrachten sind.

Tabelle 14. *Rockwellhärten für Werkzeuge usw.*

Bandsägen für Holz (a. d. Zähnen) C 54···56		Kreissägen für Holz (a. d. Zähnen) C 54···56
Bandsägen für Metalle		Kreissägen für Metalle
(a. d. Zähnen) . . . . C 62···64		(a. d. Zähnen)[1] . . . . C 62···64
Beile . . . . C 56···58		Lehrdorne, Rachenlehren . . . . C 64···66
Biegestanzen . . . . C 60···63		Meißel . . . . C 58···60
Bohrbuchsen . . . . C 63···65		Metallsägen (Bügelsägen) . . . . C 64···66
Drehdorne . . . . C 62···64		Reibahlen[1] . . . . C 62···64
Drehstähle[1] . . . . C 61···63		Schneideisen . . . . C 58···60
Endmasse . . . . C 66···68		Schnitte . . . . C 63···65
Gewindebohrer[1] . . . . C 61···63		Senker[1] . . . . C 60···62
Holzmesser . . . . C 56···58		Spiralbohrer[1] . . . . C 60···62
Körner . . . . C 58···60		Stanzwerkzeuge . . . . C 60···63

83. Die Brinellprüfung gehört zu den ältesten Härteprüfverfahren überhaupt und besteht darin, daß eine Stahlkugel mit einer ruhenden Last in das zu untersuchende Werkstück eingedrückt wird (Abb. 51). Nach einer bestimmten Zeit wird die Last abgenommen und der Durchmesser der Eindruckfläche gemessen. Ist D der Durchmesser der Kugel in mm, P die Druckkraft in kg und d der Durchmesser der Eindruckfläche in mm, dann wird die Flächenpressung, bezogen auf die Oberfläche der Kalotte, als Brinellhärte H_B bezeichnet und berechnet nach der Formel

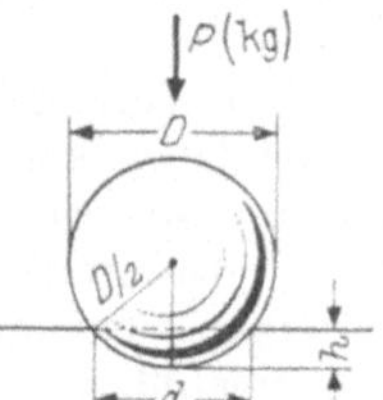

Abb. 51. Brinellprobe.

$$H_B = \frac{2P}{\pi D (D - \sqrt{D^2 - d^2})} \ [\text{kg/mm}^2].$$

Der Regelversuch auf Stahl und Gußeisen wird mit einem Kugeldurchmesser von 10 mm und einer Kraft P von 3000 kg bei 30 s Belastungsdauer vorgenommen (Bezeichnung H_n). In DIN 50351 sind Vorschriften für die Ausführung von Kugeldruckversuchen angegeben.

Die Grenze für die Ausführbarkeit der Brinellprüfung ist durch die Verformung der zur Verwendung kommenden Stahlkugeln gegeben. Deshalb eignet sich diese Prüfart vor allem für ungehärtete oder nur leicht gehärtete Stähle, Metalle und Isolierstoffe. Die Grenze liegt bei etwa 450···500 kg/mm². Besonderer Wert ist auf saubere, möglichst geschliffene oder gleichwertig bearbeitete Oberfläche des Prüflings zu legen, da sonst der Eindruckdurchmesser nicht mit der notwendigen Genauigkeit festgestellt werden kann. Im Einsatz gehärtete Teile kann man wegen der großen Tiefenwirkung der Brinellprüfung nicht mit genügender Sicherheit prüfen.

Der Eindruckdurchmesser wird mittels Meßlupen bestimmt, deren Maßstab neben der Millimeterteilung gleich eine Härteskala tragen kann. Es gibt auch Maschinen, bei denen das

---

[1] Bei diesen Werkzeugen gelten die angegebenen Rockwellhärten in der Hauptsache für Kohlenstoffstähle. Bei hochlegierten Stählen ergeben sich Abweichungen insofern, als bei diesen die Beziehungen zwischen Rockwellhärte und Anfeilwiderstand (Abschn. 86) andere sind. Man muß hier also von Fall zu Fall die obigen Ziffern an Hand bewährter Werkzeuge aus dem betreffenden Werkstoff berichtigen. Die übrigen Gegenstände werden wohl immer aus Kohlenstoffstahl oder doch niedrig legierten Stählen gefertigt.

Schattenbild der in den Werkstoff eindringenden Kugel auf eine Mattscheibe mit Maßeinteilung geworfen wird, so daß man den Eindruckdurchmesser unmittelbar ablesen kann.

Zwischen der Brinellhärte H_n und der Zugfestigkeit σ_{zB} bestehen angenäherte Beziehungen. Für Stahl ist z. B. in den meisten Fällen

$$\sigma_{zB} \approx 0{,}36\, H_n \;[\text{kg/mm}^2].$$

Der so errechnete Wert ist aber nicht als Zugfestigkeit schlechthin zu bezeichnen, sondern mit dem Zusatz zu versehen: „aus der Härte errechnet".

84. Die Rockwellprüfung ist eine Härteprüfung durch Unterschiedsmessung der Eindringtiefe eines Diamantkegels. Sie hat eine sehr rasche Verbreitung gefunden, weil sie auch bei gehärteten Stählen gute Ergebnisse bringt, bei denen die Brinellprüfung wegen der Abplattung der Kugel nicht mehr anwendbar ist.

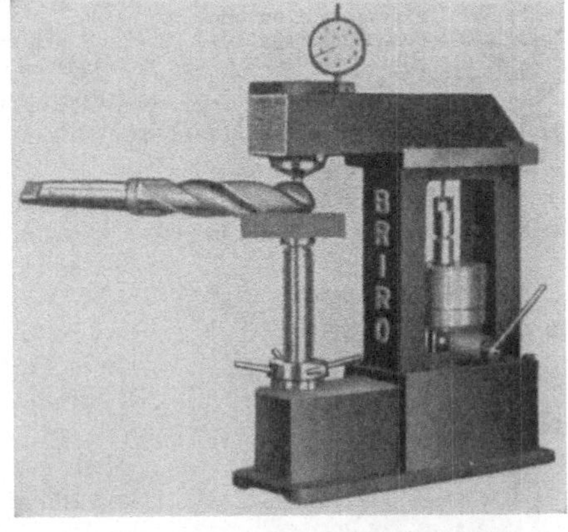

Grundsätzlich sind die Rockwellapparate (z. B. Abb. 52) den Brinellpressen ähnlich. Als Eindruckkörper wird ein Diamantkegel mit einem Spitzenwinkel von 120⁰ und abgerundeter Spitze genommen. (Für weichere Werkstoffe findet eine Kugel Verwendung.)

Der Eindruck bei Verwendung des Diamanten erfolgt durch Vorlast und Hauptlast in der Weise, daß zuerst eine Vorlast von 10 kg aufgesetzt wird, die die elastischen Formveränderungen von Prüfstück und Prüfmaschine ausschalten soll. Danach folgt die Hauptlast von 140 kg, so daß sich eine Gesamtlast von 150 kg ergibt. Nachdem die Gesamtlast einige Sekunden gewirkt hat, wird die Hauptlast abgehoben.

Abb. 52. Brinell- und Rockwell-Härteprüfgerät. (G. Reicherter, Eßlingen.)

Die Rockwellhärtezahl ist der Unterschied der Eindringtiefe bei Vorlast und Hauptlast. Nach Wegnehmen der Hauptlast wird dieser Unterschied an einer Meßuhr, die in dauernder Verbindung mit der Prüfspitze steht und deren Zeiger deshalb der Bewegung des Diamanten genau folgt, abgelesen. Nach Ablesung der Härtezahl erst wird die Vorlast abgenommen.

Die Meßuhr hat eine Skala mit 100 Teilstrichen; ein Teilstrich — gleich einem Rockwellgrad — entspricht einer Bewegung des Prüfdiamanten um 0,002 mm. Das Gesamtgebiet der harten Werkzeuge aus Stahl umfaßt etwa 0,04···0,05 mm Eindrückungstiefenunterschied, also etwa 20···25 Rockwellgrade. Die Streuung der Härteangabe liegt bei ungefähr ± 1 Rockwellgrad. Da die hinterlassenen Prüfeindrücke nur verhältnismäßig geringfügig sind, können die geprüften Stücke meist ohne Nacharbeit weiter verwendet werden.

Ein besonderer Vorteil dieser Härteprüfung liegt darin, daß wegen der angewendeten Vorlast unmittelbar auf der unvorbereiteten Werkstückoberfläche geprüft werden kann. Ein besonderes Vorschleifen, das mit Unkosten verbunden wäre, wie es bei der Brinellprüfung notwendig ist, entfällt damit.

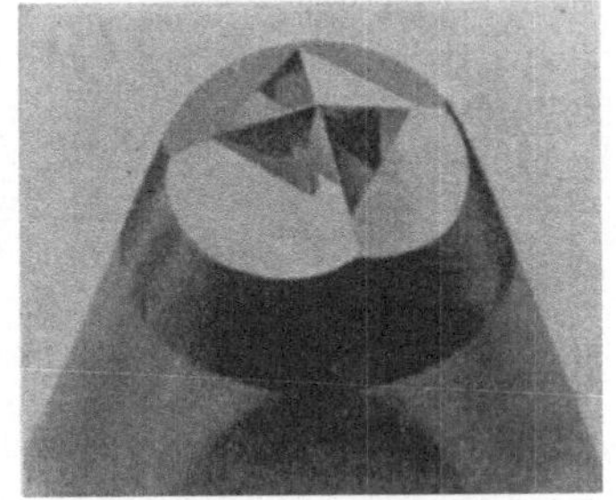

Abb. 53. Vickers-Diamantspitze.

In DIN 50103 sind Vorschriften über die Ausführung von Härteprüfungen mit Vorlast festgelegt.

Neben den vorbeschriebenen Rockwellpressen sind in neuerer Zeit noch eine weitere Art entwickelt worden, die sich von den obenbeschriebenen durch wesentlich geringere Prüflasten unterscheiden und deshalb auch für die Prüfung sehr dünner Teile geeignet sind.

Weiterhin sind viele Rockwellpressen mit Einrichtungen versehen, die auch die Vornahme von Brinellprüfungen gestatten (Abb. 52).

85. Das Vickers-Prüfverfahren[1] verwendet an Stelle des Diamantkegels einen pyramidenförmig geschliffenen Diamanten mit einem Spitzenwinkel von 136° (Abb. 53). Aus der durch Messung festgestellten Diagonale des Eindruckes (Abb. 54) wird ähnlich wie beim Brinellverfahren die Härte des Prüflings bestimmt.

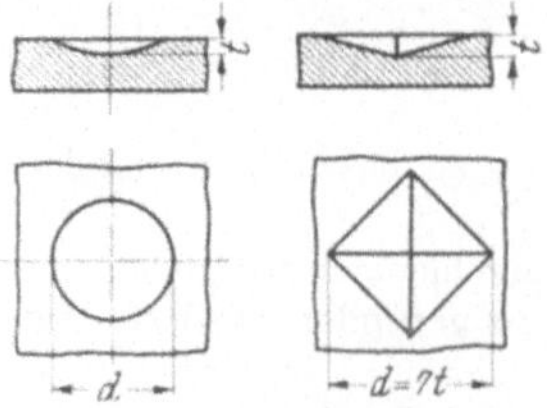

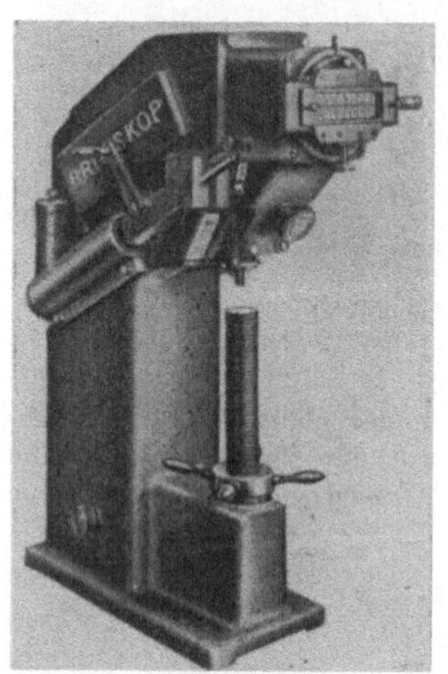

Abb. 54. Unterschied zwischen Rockwell-Tiefenmessung und Vickers-Diagonalmessung.

Das Messen der Diagonale des Eindrucks hat gegenüber dem Messen der Eindrucktiefe den Vorteil höherer Genauigkeit, weil die Diagonallänge und ihre durch Härteunterschiede bedingten Veränderungen ein Vielfaches der Eindrucktiefe beträgt (Abb. 54). Dies ist besonders wichtig bei der Prüfung dünner Gegenstände, bei denen man, um Durchdrücken zu vermeiden, mit dem Prüfdruck bis auf 1 kg heruntergehen muß. Abb. 55 zeigt eine Härteprüfmaschine, auf der Brinell- und Vickersprüfungen vorgenommen werden können. Für die Auswertung der Eindrücke ist eine optische Anzeigevorrichtung angebaut, so daß die Benutzung einer besonderen getrennten Meßlupe entfällt. Die Maschine ist damit auch besonders für die schnelle Prüfung von Massenteilen geeignet.

86. Die Härteprüfung mit der Feile ist wohl das älteste aller Prüfverfahren und wird auch heute noch in erheblichem Umfange angewendet. Sie gestattet, die Härte genau an den Stellen festzustellen, an denen sie vor allem notwendig ist, z. B. bei einem Schneideisen unmittelbar an den Zähnen, und läßt eine Weiterverwendung der geprüften Stücke in allen Fällen zu. Außerdem ist ihre Anwendung sehr billig. Es genügt in manchen Fällen schon, eine einfache Dreikantfeile zu benutzen. Besser sind jedoch besondere Härteprüffeilen, sog. Diamantfeilen, die in der Härte und Schneidhaltigkeit höher liegen als die gewöhnlichen Feilen. Die Verwendung beider Feilensorten gestattet sogar ein für viele Werkzeugarten durchaus brauchbares Toleranzsystem. So z. B. kann man für Gewindebohrer aus Kohlenstoffstahl vorschreiben, daß eine Diamantfeile gerade noch angreifen muß, während die gewöhnliche Feile nicht mehr angreifen darf. Bei einem Schneideisen dagegen soll eine gewöhnliche Feile noch leidlich angreifen.

Man ist bei diesen einfachen Verfahren allerdings in erheblichem Umfange von dem Gefühl des Prüfenden abhängig, das leider auch bei dem erfahrensten und geschicktesten Fachmann nicht immer gleich ist. Ein weiterer Nachteil ist der, daß man nicht zahlenmäßig ausdrücken kann, wie groß die gefundene Härte denn nun eigentlich ist. Um diesem Übelstand abzuhelfen, sind Geräte entwickelt worden, die eine Eichung der Anfeilprüfung gestatten. STEINBRÜCK z. B.

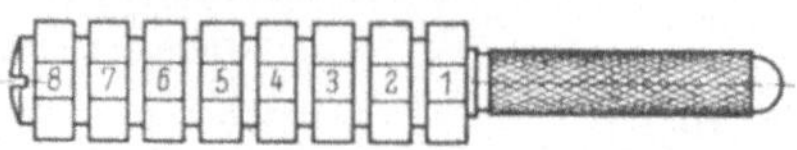

Abb. 55.
Härteprüfmaschine für Brinell- und Vickersprüfungen.
(G. Reicherter, Eßlingen.)

hat eine Reihe verschieden harter Ringe nebeneinander auf einem Griff angeordnet (Abb. 56). Härteziffern sind auf jedem Ring aufgezeichnet, eine Eichung in Rockwellgraden ist möglich. Leider ist dieses Gerät z. Z. nicht im Handel erhältlich; Selbstherstellung ist aber mit geringen Mitteln jederzeit möglich.

Bei der Untersuchung eines Werkstückes, z. B. eines Gewindebohrers, feilt man zuerst diesen an und sucht dann auf dem Anfeilprüfgerät die Stelle, deren Widerstand gefühlsmäßig dem des Prüflings entspricht. Die hier aufgestempelte

Abb. 56. Härteprüfstab nach STEINBRÜCK.

Rockwellhärte gilt dann auch für das untersuchte Stück. Selbst ein ungelernter Prüfer kann schon nach kurzer Zeit sichere Vergleichshärteprüfungen mit der Feile vornehmen. Es ist in solchen Fällen vorteilhaft, Grenzwerte für die einzelnen Werkzeugarten vorzuschreiben, innerhalb deren die zu untersuchenden Stücke liegen müssen (Tabelle 14).

---

[1] Eingeführt von der Vickers Armstrong Ltd.

87. Rücksprunghärteprüfung (Skleroskop, Duroskop). Bei dem Skleroskop Abb. 57 fällt ein kleiner, mit einem Diamanten besetzter Hammer senkrecht auf das Prüfstück, prallt zurück und wird im höchsten Rücksprungspunkt aufgefangen. Je härter das Prüfstück ist, desto weniger Energie wird durch die elastische Federung desselben aufgebraucht und um so höher springt der Hammer zurück. Die Rückprallhöhe ist das Maß für die Härte.

Diese Prüfart ist in hohem Maße von der Dicke und Form des Prüfstückes und von seiner Einspannung abhängig. Letztere muß unbedingt fest und sicher sein, und das Fallrohr des Gerätes muß satt und sicher auf dem Prüfling aufliegen.

Da die Rücksprunghärteprüfung so gut wie gar *keine Spuren* auf dem Prüfling hinterläßt, wird sie auch heute noch besonders für Meßgeräte viel benutzt. Sie war vor Einführung der Rockwellprüfung das am meisten benutzte Prüfverfahren für gehärtete Werkzeuge.

Bei der Benutzung des Rücksprunghärteprüfers ist zu beachten, daß *brauchbare Ergebnisse nur bei gleichartigen und etwa gleich großen Prüflingen* zu erzielen sind. Beim Vergleichen verschiedenartiger Werkstoffe erzielt man oft die widersprechendsten Ergebnisse. Gummi z. B. ist härter als Gußeisen. Trotz seiner Nachteile ist das Skleroskop in vielen Betrieben das einzige überhaupt vorhandene Härteprüfgerät.

Ähnlich wie das Skleroskop arbeitet das Duroskop (Abbildung 58), bei dem ein Pendel aus bestimmter Höhe auf die Prüffläche aufschlägt. Beim Zurückprallen nimmt es einen Schleppzeiger mit, der den höchsten Rückprallwinkel und damit die Härte anzeigt.

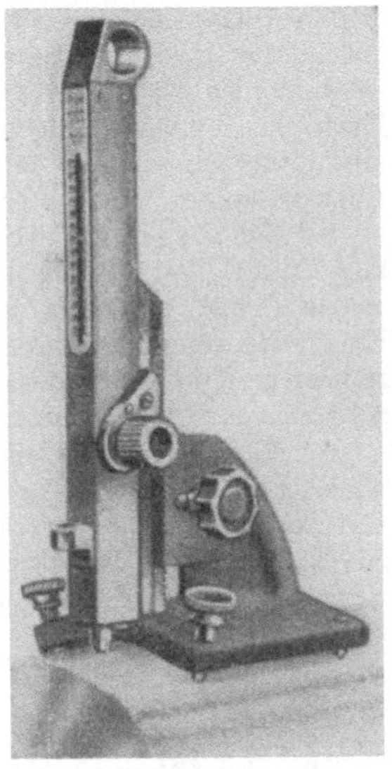

Abb. 57. SHORESches Skleroskop. (Reindl & Nieberding, Berlin und Neuß.)

88. Verschiedene andere Härteprüfverfahren. Neben' den vorstehend etwas eingehender beschriebenen Härteprüfverfahren gibt es noch eine große Anzahl anderer Verfahren, von denen einige kurz erwähnt werden sollen. Sie sind für die reine Werkzeugprüfung mehr ¡von untergeordneter Bedeutung. Da aber erfahrungsgemäß die Werkzeugprüfstelle

Abb. 58. Duroskop.
(Iba Industriebedarf, Berlin.

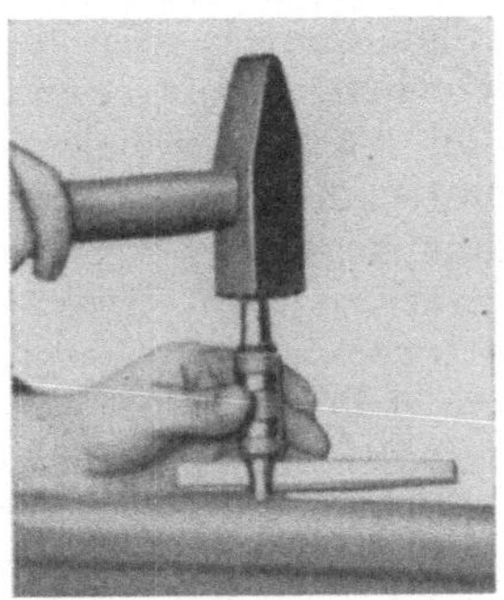

Abb. 59. Schlaghärteprüfer.
(Röchlingstahl GmbH.,
Völklingen.)

eines Werkes sehr oft auch für die Härteprüfung von Werkstücken herangezogen wird, ist es ratsam, sie hierzu mit einigen geeigneten Geräten auszurüsten.

a) *Schlaghärteprüfer* treiben eine gehärtete Stahlkugel entweder durch Auslösen einer zusammengedrückten Feder (z. B. beim Baumann-Kugelschlaghammer der Firma Karl Frank GmbH., Weinheim-Birkenau) oder durch Hammerschlag (Abb. 59) in den zu prüfenden

Werkstoff ein. Dabei ist wichtig, daß der Prüfling genügend schwer ist oder aber satt auf einer schweren Unterlage (Amboß) aufliegt. Die Schlagkraft bei federbelasteten Prüfern muß von Zeit zu Zeit nachgeprüft und die Feder gegebenenfalls nachgestellt werden.

Das Härteprüfgerät Abb. 59 zeichnet sich durch sehr einfachen Aufbau aus. Ein zum Apparat gehörender Vergleichsstab wird zwischen Stempel und Prüfkugel eingespannt und die Prüfkugel auf den Prüfling gesetzt. Bei einem Hammerschlag auf den Stempelkopf drückt die Prüfkugel einerseits auf den Prüfling, andererseits auf den Vergleichsstab. Es entsteht also sowohl im Prüfling, als auch im Vergleichsstab je ein durch genau die gleiche Kraft entstandener Kugeleindruck. Beide Eindruckdurchmesser werden mittels einer Meßlupe ausgemessen; die dementsprechende Brinellhärte bzw. Zugfestigkeit wird einer dem Apparat beigegebenen Tabelle entnommen.

b) *Fallhärteprüfer* arbeiten mit einem Fallbären, der am unteren Ende eine Stahlkugel trägt. Beim Aufschlag auf den Prüfling entsteht an der Aufschlagstelle ein Eindruck, dessen Größe bei gleichbleibender Fallenergie von der Härte desselben abhängig ist. Der Eindruckdurchmesser wird in ähnlicher Weise wie bei der Brinellprüfung mittels Meßlupe gemessen. Die Prüfgeräte von M. von Schwarz und von F. Wüst und P. Bardenheuer gehören zu dieser Gruppe.

c) *Magnetische Härteprüfung.* Da die Härte von Stahl im Zusammenhang mit der magnetischen Koerzitivkraft steht, kann man deren Messung benutzen, um die Härte zu bestimmen. Es sind auf diesem Prinzip beruhende Geräte entwickelt worden, die sich in gewissen Grenzen für die Massenprüfung von gehärteten Teilen, z. B. Kugellagerringen, bewährt haben. Für Einzeluntersuchungen kommt dies Verfahren, wenigstens vorerst, nicht zur Anwendung.

D. Schneidhaltigkeitsprüfung.

89. Ausführung der Schneidhaltigkeitsprüfung. In den vorstehenden Abschnitten wurden besonders Maßhaltigkeits- und Härteprüfungen behandelt. Für Meßwerkzeuge genügen diese in fast allen Fällen; bei Schneidwerkzeugen dagegen interessiert auch noch in hohem Maße die Schneidhaltigkeit. Zu ihrer Feststellung gibt es im Handel eine Reihe durchaus brauchbarer Einrichtungen, mit denen man vor allem die einzelnen an der Schneide wirksamen Kräfte messen kann. Erwähnt seien hier Versuchsbohrtische zum Anbringen an Bohrmaschinen und Meßstahlhalter für Drehbänke[1]. Leider ist die Anschaffung solcher Einrichtungen wegen der erheblichen Kosten meist nur für große Unternehmen und für öffentliche Untersuchungslaboratorien möglich[2]; kleine und mittlere Betriebe müssen sich deshalb für die Schneidhaltigkeitsprüfung der vorhandenen gewöhnlichen Bearbeitungsmaschinen bedienen. Hierbei muß dann aber berücksichtigt werden, daß die Ergebnisse eben wegen des Fehlens genauer Meßeinrichtungen sehr vorsichtig zu betrachten sind. Zweckmäßig wird man sich auf unmittelbare Vergleichsversuche beschränken müssen. Bei der Prüfung der Schneidhaltigkeit von Spiralbohrern z. B. wird man mit dem zu untersuchenden Bohrer mehrere Male bis zum Stumpfwerden bohren. Auf der gleichen Maschine und auf dem gleichen Werkstoff werden dann wieder mehrere Versuche unter genau gleichen Bedingungen mit einem als gut bekannten Bohrer vorgenommen und die gefundenen Werte miteinander verglichen. Als Maßstab dient die jedesmal bis zum Stumpfwerden erreichte Bohrtiefe. In ähnlicher Weise verfährt man beim Prüfen von Drehstählen, wobei als Vergleichsmaß die erzielte Drehlänge dient. Als Anhalt für die

---

[1] Vgl. Werkstattbuch Heft 91, Schallbroch-Balzer: Schnittkraft- und Drehmomentmesser.

[2] Wie aus neueren Veröffentlichungen (Fußnote 1) hervorgeht, wird angestrebt, reihenmäßig Schnittdruckmeßgeräte anzufertigen, die auch von mittleren und kleineren Betrieben angeschafft und für Prüfungen benutzt werden können.

Stumpfung der Schneide dient hier das Blankwerden der bearbeiteten Fläche. Selbstverständliche Voraussetzung für alle solche Versuche sind tadellos in Ordnung befindliche Maschinen und genau gleiche Schneidwinkel an den zu untersuchenden und den Vergleichswerkzeugen. Gerade auf letzteren Umstand ist besonders zu achten. Es ist falsch, die Werkzeuge, z. B. Spiralbohrer, unmittelbar im Anlieferungszustand auf die Maschine zu nehmen, weil schon kleine Abweichungen der Winkel erhebliche Änderungen in der Abstumpfungszeit hervorrufen können.

Die Schwierigkeiten bei diesem einfachen Verfahren liegen für die Prüfung der Spiralbohrer hauptsächlich in der Feststellung des gleichen Stumpfungsgrades. Man kann sich als Hilfsmittel hierzu in gewissem Umfange eines guten elektrischen Meßinstrumentes bedienen, das in den Stromkreis des Antriebsmotors der Maschine eingeschaltet ist. Je stumpfer das Werkzeug wird, desto höher wird der Schnittdruck und damit der Kraftbedarf der Maschine. Weiterhin kann man den Zustand der Schneiden mit einer genügend scharfen Lupe miteinander vergleichen. Hierzu gehört aber ein hohes Maß von Erfahrung. Temperaturmessungen an der Schneide können ebenfalls als Vergleichsmaßstab herangezogen werden; sie sind aber nur mit schwieriger zu bedienenden Meßeinrichtungen (z. B. thermoelektrisch) durchführbar und dürften deshalb für die hier behandelten Fälle ausscheiden. Alle Versuche müssen mehrmals wiederholt werden, weil sonst leicht Zufallsergebnisse zu falschen Schlußfolgerungen führen.

90. Kurzversuche. Der erhebliche Zeitaufwand, den die Schneidhaltigkeitsversuche bei betriebsüblicher Schnittgeschwindigkeit erfordern, hat den Wunsch reifen lassen, die Schneidhaltigkeit durch Kurzversuche festzustellen. So kann man die Standzeit, d. h. die Zeit bis zum Stumpfwerden, auf rund $^1/_{50}$ erniedrigen, wenn man die Schnittgeschwindigkeit bei gleichbleibendem Span verdoppelt[1]. Leider aber stehen die so gefundenen Standzeiten fast nie in einem einwandfrei gleichbleibenden Verhältnis zu den unter Betriebsverhältnissen vorliegenden. Der Kurzversuch muß deshalb ganz andere Wege gehen. Die Werkzeugbeanspruchungen können hierbei ganz andere sein, als die eigentlichen Betriebsbeanspruchungen, sie müssen aber die gleichen Verhältnisse ergeben wie diese. Leider sind die bisher zur Erreichung dieses Zieles gemachten Versuche fehlgeschlagen[2]. Es ist aber wünschenswert, daß solche Versuche trotzdem weiter fortgesetzt werden, denn brauchbare Kurzprüfgeräte für die Feststellung der Schneidhaltigkeit würden eine sehr wertvolle Unterstützung für die Werkzeugprüfstelle darstellen und viele heute noch im Verkehr zwischen Betrieb, Einkauf und Hersteller bestehende Unstimmigkeiten beseitigen.

---

[1] Vgl. Werkstattbuch Heft 61, KREKELER: Die Zerspanbarkeit der Werkstoffe.

[2] Näheres s. W. LEYENSETTER: Grundlagen und Prüfverfahren der Zerspanung, insbesondere des Drehens. RKW-Veröff. Nr. 114. Leipzig u. Berlin: B. G. Teubner 1938.

(Fortsetzung 4. Umschlagseite)